10월의 하늘

십 대를 위한 미래과학 콘서트

1판 1쇄 찍은날 2018년 10월 12일
1판 17쇄 펴낸날 2023년 8월 4일

글쓴이 | 정재승 외
펴낸이 | 정종호
펴낸곳 | (주)청어람미디어

책임편집 | 김상기
마케팅 | 강유은
제작·관리 | 정수진
인쇄·제본 | (주)성신미디어

등록 | 1998년 12월 8일 제22-1469호
주소 | 04045 서울특별시 마포구 양화로 56(서교동, 동양한강트레벨) 1122호
이메일 | chungaram@naver.com
전화 | 02-3143-4006~8
팩스 | 02-3143-4003

ISBN 979-11-5871-082-8 03400

잘못된 책은 구입하신 서점에서 바꾸어 드립니다. 값은 뒤표지에 있습니다.

10월의 하늘

십대를 위한 미래과학 콘서트

인공지능

시대에

우리가

꼭 알아야 할

교양과학

청어람미디어

오늘과 내일의 과학자가 함께 펼치는 미래과학 콘서트에 초대합니다

10월 마지막 주 토요일에는 전국 각지의 도서관에서 과학자들의 콘서트가 동시다발로 펼쳐집니다. 도서관을 찾은 아이들은 이날만큼은 손에서 책을 내려놓습니다. 대신 과학자들의 입을 통해 살아 숨 쉬는 과학 이야기와 마주합니다. 노래 한 자락 없이 과학 이야기가 주를 이루는 콘서트지만 관객들의 반응은 아이돌 가수가 오르는 무대에 못지않게 열기가 뜨겁습니다. 말 한마디 놓칠 새라 귀를 쫑긋 세운 채 과학자의 시선을 따라 과학의 세계로 흠뻑 빠져드는 아이들의 눈망울이, 궁금증을 참지 못하고 쉼 없이 쏟아내는 질문이, 눈앞의 강연자처럼 자신도 내일의 과학자가 되기를 꿈꾸는 아이들의 짙푸른 희망이 '10월의 하늘'을 지금껏 이끌었습니다.

'10월의 하늘'은 과학자를 직접 만날 기회가 많지 않은 소도시의 청소년을 대상으로 10월 마지막 주 토요일에 전국 각지의 도서관에서 펼쳐지는 과학 강연회입니다. 오늘의 과학자가 내일의 과학자가 될 청소년들을 직접 찾아가 함께 과학의 즐거움을 나누자는 취지 아래 2010년에 첫발을 내디딘 후, 벌써 아홉 번째 강연회를 열게 되었습니다. 그리고 이 책은 '10월의 하늘'에 동참하지 못한 이들을 위해 강연을 누구나 쉽게 읽고 즐길 수 있도록 엮은 다섯 번째 책입니다.

이번 책은 부제에서 엿볼 수 있듯이 인공지능 시대를 맞이하는 우리가 앞으로 꼭 알아야 할 과학에 대해 이야기를 나눕니다. 몇 년 전, 세계 바둑 챔피언 이세돌이 인공지능 프로그램 알파고에게 패배하는 사건을 겪으면서 너나 할 것 없이 인공지능에 대해 큰 관심을 보였습니다. 이렇게 직관과 추론까지 갖춘 인공지능이 활약하게 되면 앞으로 우리는 어떤 일을 하며 먹고살아야 할지 고민하기 시작했습니다. 이 같은 고민에 대한 답을 찾고자 인공지능이 과연 무엇인지, 앞으로 인공지능이 우리의 삶에 얼마만큼 영향을 미칠지, 인공지능이 바꿔놓을 미래의 교통수단은 어떤 모습일지 등등 각 분야의 전문가들의 시선으로 폭넓게 살펴봅니다. 이밖에 인공지능으로 더욱 똑똑해진 스마트폰이 사람의 마음을 어떻게 바꿔놓았는지를 비롯해, 인공지능의 발전을 이끈 컴퓨터의 놀라운 진화 과정, 새로운 기술이 등장할 때마다 더욱 견고해지는 암호의 세계에 이르기까지 누구나 꼭 알아야 할 미래과학 이야기를 담았습니다.

'10월의 하늘'은 기획에서 준비, 당일 강연 및 행사 진행에 이르는 전 과정이 오로지 기부자들의 재능 나눔으로 이루어집니다. 과학의 즐거움을 아이들과 함께 나누고자 한다면 누구나 강연자와 진행자로 참여할 수 있습니다. 또 강연에 나서는 이들은 과학자로만 국한하지 않습니다. 공학자, 암호학자, 의사, 기자, 아이디어 큐레이터 등등 다양한 분야의 전문가들이 우리 생활 곳곳에 숨어 있는 과학의 모습을 색다른 시선으로 바라볼 수 있는 즐거움을 선사하고 있습니다.

'10월의 하늘'을 통해 강연자는 자신이 과학의 길에 들어서던 그날의 초심을 되돌아볼 수 있고, 기부자는 자신이 가진 재능을 타인과 나누는 기쁨을 맛볼 수 있으며, 아이들은 과학의 경이로움을 만끽하며 미래의 과학자로 성장하는 꿈을 키워나갈 수 있게 됩니다. '10월의 하늘'을 시작으로 과학자뿐 아니라 누구라도 단 하루만 자신의 재능을 더 나은 세상을 위해 기부하는 일에 나선다면 우리 마음도 가을 하늘처럼 더없이 맑게 개일 것입니다.

10월의 하늘 준비위원회 대표

정재승

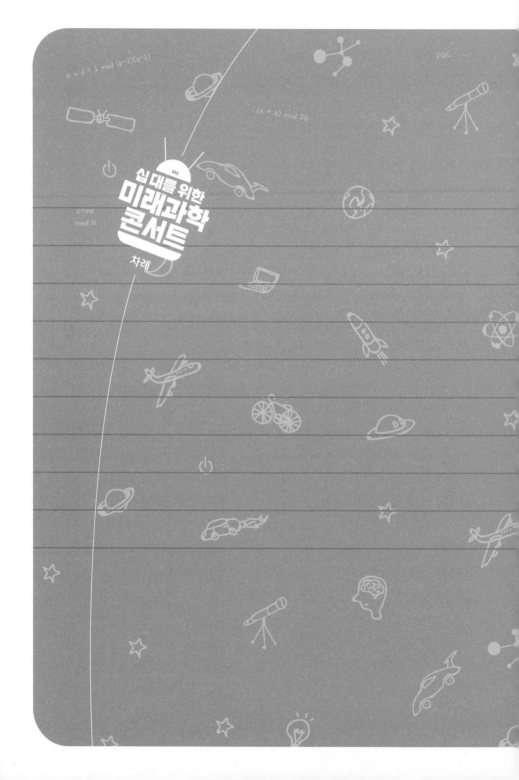

십 대를 위한
미래과학
콘서트

차례

01

인공지능 시대에
인간지성으로 살아남기

정재승

저는 인간의 뇌를 연구하는 과학자입니다. 뇌의 여러 기능 중에서 뇌가 '선택'을 어떤 방식으로 결정하는지에 대해 연구하고 있습니다. 예를 들어, 우울증을 비롯한 마음의 병이 생기면 자살 같은 잘못된 선택을 하는 경우가 있습니다. 자살은 보통의 생명체가 하지 않는 선택인데 인간의 뇌는 이런 그릇된 선택을 결정하기도 합니다. 나아가 뇌의 연구를 통해 사람처럼 상황을 파악하고 행동하는 인공지능을 만드는 것이 저의 주요 목표입니다.

그렇다면 인간의 뇌가 판단하는 인간지성과 인간의 뇌를 닮은 인공지능은 어떻게 다를까요? 훗날 인공지능이 발달해 인간을 닮은 휴머노이드(humanoid) 로봇이 우리의 노동을 대신해주는 사회가 되면 우리는 어떻게 살아야 할까요? 이 같은 질문에 대한 답을 하나씩 찾아보고자 합니다.

인공지능의 시대, 어떻게 살아야 할까?

인간과 기계의 대결에 관한 흥미로운 이야기가 하나 있습니다. 지금으로부터 100년 전쯤, 미국의 한 광산에서 기계와 인간의 대결이 펼쳐졌습니다. 당시엔 광물을 캐려면 사람이 직접 삽이나 곡괭이 같은 도구를 이용해 땅굴을 팠는데, 그들의 작업을 대신할 수 있는 기계, 바로 굴착기가 등장하게 되자 일자리를 잃을까 두려운 광산 노동자들의 반발이 심하게 일어났습니다. 노동자들은 땅을 파기만 하는 것이 아니라 파낸 흙에서 광물과 돌을 선별해야 하기 때문에 인간만이 할 수 있는 일이라고 주장했지만, 광산업자는 기계를 도입하면 많은 인부 대신 훨씬 더 빠른 속도로 저렴하게 땅을 팔 수 있다고 보았습니다. 이에 노동자들은 누구의 말이 옳은지 판단해보자며 인간과 기계의 대결을 제안합니다. 산하나를 두고 동시에 한쪽에서는 기계가 파고 한쪽에서는 사람이 파서 누가 먼저 반대편으로 나오는지 내기를 한 것이죠. 이 대결에 인간 대표로 당시에 땅을 제일 잘 파던 존 헨리(John Henry)가 나섰습니다.

노동자들의 간절한 염원 덕분인지 놀랍게도 인간 대표 존 헨리가 기계보다 먼저 산을 빠져나왔습니다. 이 모습을 지켜보던 사람들은 '역시 기계는 인간을 이길 수 없다.'며 열광했습니다. 그러나 그 기쁨도 잠시, 산에서 나온 존 헨리는 얼마 지나지 않아 죽음에 이릅니다. 사람들은 다시 생각합니다. '인간이 죽을 만큼 일하지 않으면 결코 기계를 이길 수 없겠구나.' 하고요. 그리고 '지금은 이겼지만 언젠가는 죽을 만큼 일해도 인간이 질 수 있겠다.'는 생각을 품게 됩니다. 그 이후로 100년이 지난 지금,

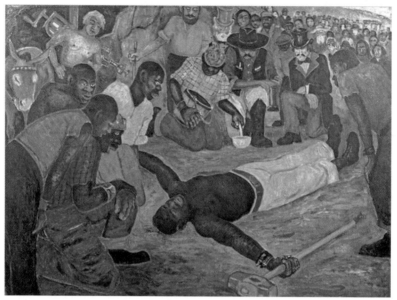

굴착기와의 대결에서 승리를 거뒀으나 결국 죽음을 맞이한 존 헨리

그들의 생각처럼 육체노동을 하는 블루칼라의 일자리 수는 점점 줄어들고 있습니다.

그런데 기계의 발전은 육체노동의 일자리만 앗아간 것이 아닙니다. 1997년, 당시 세계 체스 챔피언 러시아의 가리 카스파로프(Garry Kasparov) 선수가 IBM이 만든 딥블루(Deep Blue)*라는 체스 전용 컴퓨터에게 패배하는 사건이 일어납니다. 그는 10년 동안 전 세계 체스대회에서 연달아 우승을 차지한 인물 이지만, 컴퓨터와의 대결에서 패배하자 결과를 받아들일 수 없다며 반발했습니다. 이 사건을 지켜본 전 세계 사람들은 어떤 기분이 들었을까요? '이제 계산 같은 머리 쓰는 일도 인간이 컴퓨터를 따라갈 수 없겠네.' 하

> * 딥블루 1초 동안에 10억 가지 방법을 계산할 수 있는 체스 전용 컴퓨터. 과거 100년간 열린 주요 체스 대국 기보와 대가들의 경기 스타일이 저장돼 있다.

면서도 한편으론 '그래도 인간에게는 직관, 추론, 창의성, 감정 등이 있으니 이런 영역은 아직 로봇이, 인공지능이 인간을 따라올 수 없지.'라고 생각했습니다.

그로부터 20년이 지난 2016년에 이 같은 생각을 뒤집을 만한 사건이 일어났습니다. 세계적인 바둑 챔피언 이세돌이 알파고(AlphaGo)라는 인공지능 프로그램에게 패배하는 사건이 발생합니다. 대결이 치러지기 전까지 전문가 대부분이 예상하기를, 경우의 수가 너무 많은 바둑은 직관과 추론으로 해결해야 하는데 인공지능이 인간의 이 능력을 따라가기엔 힘들다는 판단 아래 인간의 승리를 점쳤습니다. 하지만 결과는 다들 알다시피 알파고의 4대 1 승리로 끝이 났습니다. 이를 지켜보던 전 세계인들은 이제 인공지능이 직관과 추론까지 다 갖추게 되면 인간은 어떤 일을 하며 먹고살아야 할지에 대한 고민을 시작하게 됐습니다.

기계의 발달로 인해 단순 반복적인 일을 하는 제조업에서의 일자리는 줄어들 것으로 일찍부터 예상했습니다. 반면 서비스업에서의 일자리는 늘어날 것으로 생각했는데, 앞으로 로봇이 사람과 상호작용을 하고 돌봐주는 일까지 맡게 되면 인간이 할 수 있는 직업이 훨씬 줄어들 거라는 생각에 이르게 됩니다. 그래서 지금 많은 이들이 앞으로 펼쳐질 인공지능 시대에 인간은 뇌를 어떻게 사용해서 어떤 일을 할 수 있을지 고민하고 있습니다.

이제 우리는 앞으로 어떤 일을 하며 살아가야 할까요?

자동차도 로봇이 될 수 있을까?

로봇은 다음의 세 가지 기능을 모두 갖춰야 합니다. 첫째, 움직일 수 있어야 하고 둘째, 지능을 갖고 있어서 똑똑해야 하고 셋째, 주변에 있는 것과 상호작용해야 합니다. 예컨대, 똑똑한데 움직일 수 없으면 컴퓨터에 불과합니다. 이 정의에 따르면 자동차도 로봇이라고 생각할 수 있습니다. 똑똑한 내비게이션을 탑재하고 시키는 대로 움직이는 상호작용까지 해내니 일종의 로봇이 될 수 있겠지요. 이에 일본의 자동차회사 혼다와 토요타에서는 예전부터 로봇을 만들었습니다. 이들은 미래에는 자동차가 로봇이 돼서 우리가 차를 운전하고 가서 아무 데나 세워놓으면 자동차가 일어나서 주차공간으로 살포시 눕는 이런 자동차까지 등장할 거라고 상상했습니다. 자동차가 사람 모양이 됐다가 자동차 모양으로 다시 변신하는 걸 옛날부터 생각해왔는데, 그렇게 해서 만들어진 만화가 〈트랜스포머(Transformers)〉이고 이를 미국에서 실사 영화로 만들게 된 것입니다. 굉장히 자연스러운 사고인 겁니다.

미국과 유럽 사람들은 과거에는 휴머노이드 로봇의 필요성에 대해 부정적이었습니다. 예컨대, 청소기 자체에 지능을 넣어 청소기가 스스로 돌아다니면서 청소하면 되는 것을 굳이 사람 모양의 로봇을 만들어서 청소기를 쥐여주고 청소시키는 것은 바보 같은 짓이라고요. 그런데도 만화적인 상상력을 가진 이들이 포기하지 않고 휴머노이드 로봇을 만들게 되었습니다.

아직은 휴머노이드 로봇을 만드는 게 쉬운 일은 아닙니다. 현재 수준에서는 재난이 일어난 지역에 인간 대신 로봇이 가서 가스 밸브를 잠그고 물건을 가져오는 역할을 할 수 있는 정도가 세계 최고 수준의 로봇 기술이 이뤄낸 성과입니다. 반면, 인간의 모습과 닮은 휴머노이드 로봇은 아니지만 인간보다 정교하게 작업하는 로봇은 있습니다. 바로 수술을 도와주는 로봇입니다. 사람이 수술할 때보다 배를 많이 가르지 않고도 좁은 부위에 들어가서 정교하게 수술을 해냅니다. 수술 로봇은 포도 껍질을 벗기고 그걸 다시 실로 꿰매는 작업을 수행할 수 있을 만큼 정교함이 날로 늘고 있습니다.

수술 로봇과 비슷한 예로, 지금 일본에서는 로봇 팔 요리사가 만드는 라면을 파는 식당이 대단히 인기라고 합니다. 로봇 팔이 음식을 만들면 어떤 점이 좋을까요? 인간보다 빠르고 정확하게, 일정한 정량으로 만들

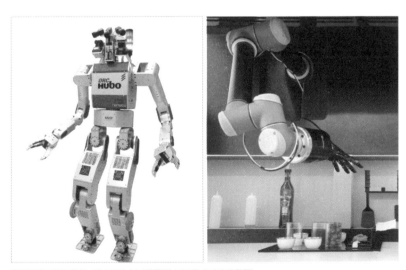

한국의 대표적인 휴머노이드 로봇 휴보(왼쪽)와 로봇 팔 요리사(오른쪽)

어 한결같은 맛을 낼 수 있습니다. 게다가 24시간 계속 일을 시킬 수 있다 보니 인건비를 아낄 수 있고, 만드는 과정 자체가 눈요기가 되어 손님들을 불러 모으는 데도 도움이 됩니다.

휴머노이드 로봇은 아직 현실보다는 드라마나 영화 속에서 미래의 모습을 그려보는 중입니다. 미국에서 엄청난 인기를 끌고 있는 〈웨스트월드(Westworld)〉라는 드라마에서는 미래의 가상현실 테마파크에 인간과 똑같은 모습의 휴머노이드 로봇이 등장합니다. 사람들은 이곳에서 로봇을 마음대로 때리거나 총으로 쏴서 죽이는 등 흡사 노리개처럼 대하지만 로봇은 인간에게 해를 가할 수 없습니다. 그밖에도 인간은 로봇을 대상으로 전쟁 시뮬레이션을 하는 등 극도의 폭력성을 드러내는 반면, 인공지능 로봇들은 굉장히 인간적인 모습을 보여주는 아이러니한 장면들이 등장하기도 합니다.

SF 영화 중에도 로봇과 인간의 관계를 그린 작품이 대단히 많습니다. 이런 영화들은 우리에게 여러 가지 것들을 생각하게 합니다. 우리가 만약 새로운 생명체를 창조한다면 그들에게 어떤 마음을 심어줄 것인지, 소유물인 로봇에게 주인으로서 어떤 일을 시킬 것인지, 소유물이 된 로봇은 무슨 마음으로 나를 따를지 등등 고민거리를 안겨줍니다. 기계니까 함부로 대해도 된다는 생각이었는데 만약 로봇이 감정을 느끼고 이를 기억한다면 인간과 차별하는 것이 괜찮은 일일까 생각하게 되는 것이죠.

예컨대, 자율주행차를 타고 가던 중에 신호를 위반하고 갑자기 튀어나온 보행자 다섯 명과 맞닥뜨렸다고 생각해봅시다. 이때 다섯 명을 살리기 위해 벽 쪽으로 방향을 돌려 운전자의 희생을 감수해야 할지, 아니면

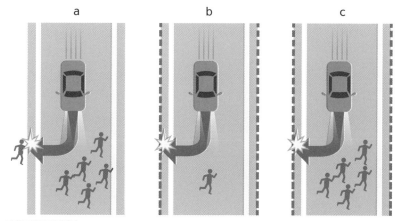

자율주행차의 딜레마

운전자의 목숨을 최우선으로 생각하고 보행자를 향해 그대로 운전할지 와 같은 딜레마에 빠지게 됩니다. 여러분이 만약 자율주행차의 설계자가 된다면 어떤 선택을 프로그래밍할 건가요? 어떤 결정을 내린다 한들 나 의 목숨을 놓고 선택해야 하기 때문에 어느 쪽도 비난할 수 없는 문제입 니다. 그래서 자율주행차에게 이런 중대한 결정을 하도록 두는 것이 과 연 옳은지에 대한 의문이 끊임없이 제기되고 있습니다.

—————— **인공지능과 인간의 뇌는 무엇이 다를까?**

앞서서 로봇은 움직여야 하고, 그 안에 똑똑한 지능이 있어 야 하고, 마지막으로 사람과 상호작용을 해야 한다는 조건을 언급했습 니다. 그런데 이 중에서 똑똑한 지능은 인간이 넣어준 것이기에 인공지능이라고 부릅니다. 우선 인공지능하면 누구나 쉽게 떠올리는 컴퓨터에 대해서 이야기해보겠습니다.

앨런 튜링(Alan Turing)과 존 폰 노이만(John von Neumann)이라는 사람이 생각해낸 컴퓨터라는 건 사실 굉장히 놀라운 개념입니다. 컴퓨터가 탄생하기 전까지 인간이 만든 모든 물건은 정확한 목적과 용도가 정해져 있었습니다. 그런데 이와 다른 최초의 장치가 등장한 것입니다. 컴퓨터는 인간이 시키는 일을 다 해내는 장치이기 때문이죠. 그런데 문제는 어떻게 시켜야 하는지가 미리 정해져 있다는 점입니다.

우선, 시키는 방식이 수학적으로 잘 짜여 있어야 합니다. 어떤 문제의 해결을 위해 이렇게 수학적으로 잘 짜인 규칙의 집합을 알고리즘(algorithm)이라고 부릅니다. 그리고 두 번째로, 숫자나 문자로 표현 가능

컴퓨터의 발명을 이끈 앨런 튜링(왼쪽)과 존 폰 노이만(오른쪽)

해야만 컴퓨터가 알아들을 수 있습니다. 그걸 프로그램이라고 부르고 그 프로그램을 만드는 걸 코딩(coding)이라고 합니다. 결국 알고리즘이 잘 짜여 있는 프로그램을 처리하는 일을 하는 녀석을 컴퓨터라고 부르는 것이죠.

이처럼 컴퓨터는 굉장히 수학적인 데 비해 인간의 뇌는 어떨까요? 전혀 수학적이지 않습니다. 생각해보세요. 남자의 얼굴과 여자의 얼굴을 구별하는 문제를 수식과 규칙으로 만들어서 컴퓨터에게 알려줄 수 있을까요? 여러분의 뇌는 어떻게 구별하나요? 느낌과 경험으로는 바로 인지하고 알아챌 수 있지만 이걸 수학적으로 표현하고 풀어내기란 쉽지 않습니다.

인간의 행동은 수학적이지 않습니다. 그래서 아이가 걸음마를 뗄 때도, 글자를 배울 때도 실수와 반복을 거듭하다가 어느 순간 깨치게 됩니다. 반면 수학자들이 만든 컴퓨터는 그렇지 않습니다. 주어진 계산은 정확히 해내지만 스스로 배우거나 깨치는 일은 없습니다. 만약 생물학자들이 컴퓨터를 만들었다면 다른 결과가 나왔을지도 모릅니다. 예컨대, 여러분이 글자를 배우듯이 한글 프로그램에게 글자를 가르쳐준다고 생각해보세요. 그런 컴퓨터는 글을 깨치는 몇 개월간은 너무 답답하겠지만, 사람이 글을 깨치듯이 컴퓨터도 깨치게 되면 어느 순간부터는 여러분이 무슨 문장을 쓰려고만 시도해도 미리 알아서 어울리는 문장을 제시하고, 나아가 여러분의 생각을 읽고 스스로 초고를 쓸 수도 있습니다.

하지만 수학자들은 그 길을 포기하고 시킨 일만 정확히 해내는 컴퓨터를 만들었습니다. 그랬더니 어려운 수학 문제는 쉽게 푸는 반면, 남녀를 바로 구별하거나 공원에서 아빠와 아이를 찾아보라는 문제처럼 인간이 쉽게 해결할 수 있는 인지 문제는 풀지 못하게 되었습니다.

인간의 뇌는 수시로 모양이 바뀝니다. 때문에 인간의 뇌를 보고선 여자인지 남자인지, 몇 살인지, 직업이 어떤지, 어떤 분야를 공부하는지, 운동을 잘하는지, 피아노를 잘 치는지 등등 다 구분할 수 있을 정도입니다. 인간의 기능을 뇌의 구조를 통해서 이해할 수 있는 것이죠. 이렇게 구조가 기능을 만드는 컴퓨터와는 확연하게 차이를 보입니다.

인공지능이 대세가 된 세 가지 이유

컴퓨터에 인간의 지능을 접목시킨 인공지능을 개척한 사람은 미국의 과학자 마빈 민스키(Marvin Minsky)입니다. 그를 비롯한 여덟 명의 과학자가 미국 정부에 인공지능이라는 분야를 연구해야 한다는 보고서를 제출한 후 활발한 연구를 펼쳤습니다. 인공지능(Artificial Intelligence)이라는 용어를 창안한 사람은 미국의 존 매카시(John McCarthy)로, 1956년 다트머스 학회에서 처음으로 사용했습니다. 지금으로부터 60여 년 전으로, 그 후 20세기 내내 과학, 전산학, 컴퓨터과학 분야에서 인공지능이 연구됐으나 현실에서 쓸 만한 연구는 그다지 없었습니다. 그러다 요즘 들어 인공지능이 대세가 되었습니다. 이는 세 가지 이유 때문입니다.

첫 번째, 컴퓨터의 속도가 굉장히 빨라졌습니다. 컴퓨터의 크기는 작아진 대신 더 많은 데이터를 넣을 수 있도록 용량이 커져서 처리 속도가 갈수록 빨라지고 있습니다.

두 번째, 컴퓨터가 인간의 뇌를 닮아가기 시작했습니다. 비유컨대, 자녀가 시험에 백 점 맞을 수 있게 하려고 부모들이 택하는 방법을 생각해 봅시다. 먼저, 시험에 나올 법한 문제를 계속 반복적으로 풀게 해서 실력을 쌓는 방법이 있습니다. 그리고 "이번 시험에 백 점 맞으면 그토록 원하던 스마트폰 사줄게." 하는 식으로 보상을 내세우는 방법이 있습니다. 보상을 간절히 원하는 학생이라면 시키지 않아도 스스로 열심히 공부해서 결국 백 점을 맞는 경우가 있을 것입니다. 이런 방법을 '강화학습'이라고 부릅니다. '칭찬은 고래도 춤추게 한다.'는 말이 여기에 해당하는 것이죠. 그런데 이 강화학습을 컴퓨터에 적용해봤는데, 이것이 성공을 거둬 지금과 같은 형태의 인공지능이 발달하게 된 것입니다.

과거에 한 학회에서 인공지능 알파고를 만든 데미스 하사비스(Demis Hassabis)와 데이비드 실버(David Silver)를 만난 적이 있습니다. 알파고가 세상에 나오기 2년 전쯤인데, 당시 그들은 개발 중인 인공지능이라면서 저에게 어떤 게임을 보여주었습니다. 소위 알파고의 전신이라 불리는 딥 큐 러닝(Deep Q-Learning)이 벽돌깨기 게임을 하는 모습이었는데요, 처음에 이 딥 큐 러닝에게는 게임의 규칙을 알려주지 않고 시작합니다. 그저 최고 점수를 내는 것이 네가 할 일이라는 목표만 주는 것이죠. 딥 큐 러닝은 아무 규칙도 모른 상태에서 게임을 시작합니다. 처음 10분 동안엔 조종조차 못하지만 여러 번 실패를 통해 벽돌을 깨면 점수가 오르고, 공이 뒤로 빠지면 다시 시작되니까 이를 막아야 한다는 것을 스스로 배우게 됩니다. 그러다가 두 시간 정도 지나면 현란하고도 실수 없는 완벽한

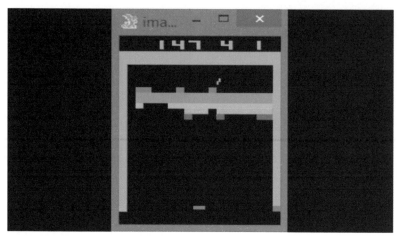
강화학습으로 벽돌깨기 게임을 하는 딥 큐러닝

플레이를 펼칩니다. 더 놀라운 건 네 시간 정도 지나면 더 빨리 정확하게 많은 벽돌을 깰 수 있도록 옆으로 구멍을 뚫어서 위에서 내리치는 더 효율적인 방식을 개발하게 됩니다. 인간이 하는 방법을 흉내 내는 것에 그치는 것이 아니라 스스로 깨우치고 새로운 방법을 찾아내는 방식으로까지 진화한 것입니다. 이 장면을 본 사람들은 인공지능이 이제 생각하고 추론하고 아이디어를 내는 인간의 뇌와 점점 닮아간다고 생각했습니다. 인간의 뇌를 깊게 이해하고 뇌가 작동하는 방식을 인공지능에 넣어준다면 앞으로 굉장히 똑똑해질 수 있겠구나 하는 생각까지 나아가게 됩니다.

뇌공학이 얼마나 발전했는지를 보여주는 하나의 사례가 있습니다. 한 스위스의 공대에서 척추가 손상된 원숭이에게 인공지능 관련 실험을 했습니다. 허리의 신경이 끊어져서 다리를 움직일 수 없는 원숭이의 다리에 칩을 삽입하고, 원숭이의 뇌 활동을 읽을 수 있도록 머리에도 칩을 삽입했습니다. 그 결과, 뇌의 칩과 다리의 칩이 무선으로 소통하면서 뇌가 생각한 대로 다리를 움직일 수 있게 되었습니다. 다시 말하면, 지금 원숭이가 무슨 생각을 하고 있는지, 어디를 어떻게 움직이고 싶어 하는지 등을 뇌의 활동만으로 이해할 수 있는 것입니다. 이처럼 뇌에 대한 이해가 더 깊어지면 다리를 전혀 움직이지 못하는 사람도 일어서거나 걷게 할 수 있습니다.

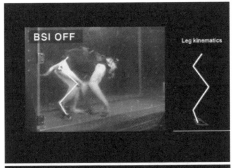
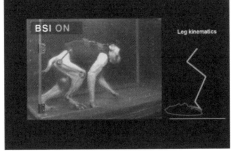

뇌 활동만으로 신경이 끊어진 다리를 움직이게 하는 실험

인공지능이 급속도로 발전하게 된 세 번째 이유로는 엄청나게 늘어난 데이터를 꼽습니다. 인공지능이 개와 고양이를 구별하기 위해선 최소한 개와 고양이 사진이 각각 3,000만 장씩 필요합니다. 옛날 같으면 이만큼의 데이터를 구하기란 불가능에 가까웠을 겁니다. 그러나 지금은 인스타그램, 페이스북 같은 SNS에서 이를 쉽게 찾을 수 있습니다. 개 사진만 해도 인스타그램에 대략 5억 장이 있으니까요. 예전에는 사람들이 프로그램을 짜서 데이터를 넣어주면 인공지능이 답을 찾았는데, 요즘 인공지능은 그저 수많은 데이터를 이용해 결과만 넣어주면 됩니다. 개와 고양

인공지능이 구분하지 못하는 사진들

이의 사진을 보고선 둘의 차이를 스스로 배우는 것입니다. 물론 아직 잘 구별 못 하는 예도 있습니다. 치와와와 초코머핀, 줄무늬 고양이와 캐러멜 아이스크림 등 아직도 인공지능은 이 둘의 차이를 구별하는 게 어렵다고 합니다.

━━━━━ 인간의 창의성을 인공지능이 뛰어넘을 수 있을까?

현재 인공지능은 수집한 데이터를 바탕으로 그림을 창작할 수 있는 수준까지 발전했습니다. 일종의 창의성이라고 할 수 있겠죠. 그렇다면 인공지능의 창의성과 인간의 창의성은 어떤 점이 다를까요?

우선, 인공지능은 수집한 데이터를 가지고 더 새로운 걸 창작하는 데 그치지만 우리는 그뿐 아니라 데이터를 비판적으로 받아들일 수 있습니다. 예를 들면, 모차르트의 교향곡을 전부 다 컴퓨터에 넣고선 모차르트다운 곡을 만들라고 지시하면 인공지능이 인간보다 훨씬 더 잘 만듭니다. 그런데 우리는 클래식 음악을 전공하는 학생들에게 이런 곡을 요구하지 않습니다. 바흐에서부터 현대에 이르기까지 모든 클래식 음악을 다 가르쳐준 다음에 지금까지 이런 곡들이 만들어졌으니 이를 바탕으로 너만의 새로운 곡을 창작해보라고 가르칩니다. 기존의 음악과 다른 색다른 곡을 완성하면 더 격려하고 칭찬합니다.

과학자도 마찬가지입니다. 다른 이들의 논문을 읽고선 다 맞는 이야기라고 생각하고 수긍만 하면 결코 좋은 연구를 할 수 없습니다. '난 이렇게 생각 안 하는데 이거 뭔가 잘못된 거 아닐까?'라는 의심을 품고 아이디어를 만들고 실험을 하고 그걸 증명하는 사람이 더 좋은 연구 성과를 거둘 수 있습니다. 그들이야말로 세상을 바꾸는 일들을 해낼 수 있습니다.

그렇다면 우리가 가져야 할 제일 중요한 태도는 무엇일까요? 새로운 것을 배울 때마다 '저게 과연 맞을까? 꼭 저렇게 생각해야 할까? 나는 다르게 생각할 수 없을까?' 같은 이런 생각들이 필요합니다. 그런데 문제는 현실의 학교에서는 이런 질문이 받아들여지지 않는다는 것입니다. 수업 시간에 학생이 손을 들고선 "선생님, 저는 교과서가 틀린 것 같습니다. 저는 이렇게 생각하지 않습니다."라고 한다면 선생님이 어떻게 반응할까요? 아마도 "수업 방해하지 말고 가만히 있어. 수업받기 싫어서 딴소리하는 거지?" 같은 답변이 나올 듯싶습니다.

현재 우리의 교육 시스템에서 공부를 잘하는 사람이란 어떤 사람인가요? 교과서를 의심하지 않고 있는 그대로 받아들여서 그길 고스란히 머릿속에 다 넣고선 시험에서 실수 없이 그대로 답을 적는 사람일 것입니다. 그렇다면 공부 잘하는 사람과 인공지능이 학교 시험 대결을 한다면 결과는 어떨까요? 당연히 인공지능이 이길 것입니다. 인간처럼 휴식하지 않고도 계속해서 정보를 입력할 수 있는 인공지능은 실수조차 허용하지 않고 완벽하게 시험을 치러낼 것입니다. 앞으로 이런 인공지능을 우리가 다룰 텐데, 그렇다면 시험에 적합한 암기형 인간이 되지 말고 인공지능이 할 수 없는 새로운 생각을 하는 인간이 되어야 할 것입니다.

유명한 과학자가 한 이야기니까, 교과서에 적힌 내용이니까 무조건 맞는 이야기라는 식의 사고는 멈춰야 합니다. 여러분이 비판적인 시선으로 모든 현상을 바라보고 새롭게 제안하다 보면, 언젠가는 세상을 발전시키고 새로운 역사를 만들어 새롭게 교과서를 쓰는 사람이 될 수 있을 것입니다. 어떤 주제를 놓고 이게 맞는지 아닌지 스스로 생각해보고선 아니다 싶은 생각이 들면, 다른 이들을 설득하기 위해 논리를 만들고, 증거를 찾아 혼자 실험도 계산도 해보고, 다른 자료들을 찾는 행동으로까지 이어져야 합니다.

현재 인공지능은 인간과 비슷한 지능을 갖추며 급격히 발전하고 있는 것과 달리, 우리나라 사람들은 굉장히 역설적이게도 지금껏 과거의 단순한 인공지능을 닮아가도록 교육받았습니다. 교과서에 있는 지식을 머릿속에 누가 더 정확하게 잘 넣는지 테스트하는 시험으로 성적을 매겼습니다. 내 생각이 아닌 교과서식 정답을 외워서 답해야 하고, 남들보다 먼저 선행학습으로 온갖 공식들을 머릿속에 집어넣어야만 앞으로 내가 갈 수 있는 대학과 직장의 순위가 올라갑니다.

이런 틀에서 조금씩 벗어나 보는 건 어떨까요? 대부분의 학생은 수학 시간에 문제를 풀 때 일반적으로 공식을 먼저 외운 뒤 이를 사용한 예제 문제를 풀고, 그다음 이를 조금 더 응용한 문제를 풀게 됩니다. 혹시 이 순서를 거꾸로 해본 적 있나요? 저는 중학교 때 이 순서를 혼자 거꾸로 공부해봤습니다. 공식을 안 외우고 예제 문제도 안 풀어본 뒤 응용 문제 중에 하나를 골라서 혼자 풀어보는 겁니다. 당연히 못 풀겠죠. 온갖 방법으로 풀어도 답은 쉽게 나오지 않습니다. 답을 못 찾으면 그다음에 예제 문제로 갑니다. 이때 공식을 사용해서 비슷한 문제를 어떻게 풀었는지 살펴본 뒤 공식을 유추해내면, 그 공식이 얼마나 유용하게 쓰이는 것인지, 이 공식이 사용되는 문제들은 어떤 관계에 의해 답을 찾을 수 있는지 명확하게 깨치게 됩니다. 어떤 경우에는 공식을 몰라도 나만의 문제 푸는 방식을 찾는 경우도 있습니다. 이렇듯 단순히 공식을 외워서 대입하는 게 중요한 게 아니라, 모르는 문제가 주어졌을 때 내가 어떤 방식으로 접근해야 하는지를 혼자 먼저 생각하는 능력을 키우는 게 훨씬 더 중요합니다. 여러분이 세상에 나가서 어떤 일을 겪었을 때 그것을 해결해 줄 정해진 공식 같은 건 없으니까요.

어떤 질문에 자기의 관점으로 답하기 위해선 남들과 구별되는 나만의 생각을 하고, 그것이 맞는다는 걸 증명하기 위해서 논리적으로 증거를 찾고, 남들과 다른 경험을 머릿속에 집어넣는 시도를 해야 합니다. 그러나 아마도 많은 경우 실패에 이를 것입니다. 그러나 성공이라는 건 원래 많은 실패 끝에 찾아오는 것입니다. 성공의 열매는 아마도 수많은 실패에도 겁을 내지 않고 계속해서 시도한 사람이 가져갈 것입니다. 그린 사람들이 현재의 우리에게 꼭 필요합니다.

훗날 여러분이 세상에 나갈 무렵에 세상이 어떻게 변할지는 아무도 모릅니다. 앞으로 어떤 직업은 사라지고 어떤 직업은 남을 것이라고 하는 이야기는 그다지 믿을 필요가 없습니다. 그 이야기를 한 사람들도 결코 살아본 적 없는 미래이기에 그저 답이 없는 예측일 뿐이라고 넘겨도 됩니다. 미래의 일은 모르더라도 지금 우리가 확실히 알고 있는 건 있습니다. 30년 전 1980년대에 살던 사람들이 2010년대에 우리가 이렇게 살 거라고 상상도 못 했던 것처럼, 여러분들의 30년 후가 지금과는 완전히 다른 모습이 될 것이기 때문에 상상조차 힘들다는 점입니다. 이렇게 예측이 어려운 상황이지만 여러분이 우리 사회에 꼭 필요한 사람이 되기 위해선 어떤 세상이 오든지 새로운 일, 공식이 적용되지 않는 문제를 풀 수 있는 스스로 생각하는 능력을 키워야 합니다. 여러분만의 관점에서 바라보는 능력을 키우는 게 진짜 중요하다는 사실을 꼭 기억하길 바랍니다.

정재승

KAIST 바이오및뇌공학과 교수. KAIST 물리학과에서 학부부터 박사학위를 받을 때까지 공부했다. 예일대 의대 정신과 연구원, 컬럼비아 의대 정신과 조교수로 치매와 투렛증후군을 연구했으며 현재는 선택의 순간 뇌에서 무슨 일이 벌어지는지를 연구하고 있다. 복잡한 사회현상의 뒷면에 감춰진 흥미로운 과학 이야기를 담은 『과학 콘서트』를 시작으로 『정재승+진중권 크로스』, 『열두 발자국』 등의 베스트셀러를 썼다. '10월의 하늘'을 통해 더 많은 청소년이 과학에 관심을 갖고 과학자의 길을 걷기를 바란다.

02

인공지능이 펼칠 미래는 어떤 모습일까?

김성완

요즘에는 일상에서 인공지능을 접하는 것이 그리 신기한 일이 아닙니다. 모든 이들이 하나씩 가지고 있는 스마트폰을 통해서 터치 없이 음성으로 대화하고 작동할 수 있는 애플의 '시리'나 구글의 '구글 어시스턴트' 같은 인공지능 비서를 쉽게 만날 수 있기 때문입니다. 하지만 이는 2010년대 이후에나 가능해진 일이고, 대개 사람들이 인공지능을 처음 만난 기억은 실제 생활 속 경험보다는 주로 영화 속 장면일 겁니다. 특히 과학 기술이 발전한 미래를 그린 SF 영화 속에는 인공지능이 단골 소재로 등장합니다.

영화 속에서 만나는 인공지능

1968년에 개봉된 거장 스탠리 큐브릭(Stanley Kubrick) 감독의 기념비적 SF 영화 〈2001: 스페이스 오디세이(2001: A Space Odyssey)〉에는 'HAL 9000'이라는 이름의 인공지능 컴퓨터가 등장합니다. HAL이라는 이름은 당시나 지금이나 컴퓨터 회사의 대표주자인 IBM사의 영문 철자를 하나씩 앞으로 당긴 것입니다. IBM의 컴퓨터보다 더 뛰어나다는 의미로 붙여진 이름인 셈이지요. 이 영화 속 인공지능 컴퓨터 HAL 9000은 우주선을 관리하고 승무원들을 돕도록 만들어진 것으로, 인간과 대화할 수 있으며 체스도 둘 수 있습니다. 하지만 HAL 9000은 본래의 임무에서 벗어나 인간에게 반란을 일으키고 승무원들을 살해하기까지 합니다. 결국에는 한 승무원에 의해 가까스로 작동을 멈춥니다.

<2001: 스페이스 오디세이>에 등장한 HAL 9000

이처럼 인공지능이 인간에게 적대적이고 부정적인 모습으로 그려진 것은 이 작품만이 아닙니다. 그 이후 개봉된 〈콜로서스: 포빈 프로젝트(Colossus: The Forbin Project)〉(1970)라는 영화에서는 핵무기를 안전하게 통제하도록 만들어진 인공지능 슈퍼컴퓨터가 바로 그 핵무기를 위협 수단으로 삼아 역시 인간에게 반란을 일

으킵니다. 거기에 인간들이 꼼짝없이 당하는 모습이 그려집니다. 그리고 '종결자'라는 뜻의 무시무시한 제목을 가진 영화 〈터미네이터(The Terminator)〉(1984)에서는 인공지능이 반란을 일으켜 핵무기를 사용해서 인류 대부분을 죽이고 남아 있는 소수의 인류까지 완전히 끝장내 버리려고 합니다. 이런 식으로 무시무시한 인공지능이 등장하는 영화는 20세기 말에도 멈추지 않고 계속 만들어집니다. 특히 〈매트릭스(The Matrix)〉(1999)라는 영화 속 미래에서는 인류가 인공지능에게 완전히 지배당하는 비참한 모습으로 그려집니다.

물론 인공지능이 늘 이렇게 인간에게 적대적인 존재로만 등장하는 것은 아닙니다. 영화 〈그녀(Her)〉(2013)에서는 가까운 미래에 있을 법한 인공지능과 인간의 사랑을 애틋하게 그리고 있기도 합니다. 과연 머지않은 미래에 인공지능과 인간이 서로 인격적인 관계를 맺을 수 있을까요?

──── 인공지능은 어떻게 태어났을까?

과학 기술의 발전으로 많은 양의 수학 계산을 빠르고 정확하게 할 수 있는 기계가 필요해졌고, 이런 필요에 따라 수학과 전자 기술을 활용해서 만들어진 것이 바로 컴퓨터입니다. 지금은 컴퓨터라는 단어가 당연히 전자식 디지털 컴퓨터를 가리키는 용어로 쓰이지만 원래 컴퓨터는 사람을 일컫는 말이었습니다. 전자식 컴퓨터가 등장하기 전까지 과학 기술에 필요한 대량의 계산은 기계식 계산기를 활용해서 컴퓨터라고 불리턴 인간 계산원들이 하는 일이었습니다.

전자식 컴퓨터가 인간이 풀기 어려운 수학 계산을 빠르게 척척 해내자 이런 컴퓨터를 이용해 인간의 지적인 활동을 대신할 수 있으리라는 기대감도 커지게 됩니다. 1950년대에 접어들게 되면 이런 기대는 인공적인 지능을 만들고자 하는 구체적인 시도로 발전하게 됩니다. 바로 이 무렵에 '인공지능'이라는 말도 생겨납니다.

당시의 컴퓨터는 지금의 기준으로 보면 매우 조악한 전자식 계산기에 불과했습니다. 하지만 인간이 어려워하는 산술 계산을 인간보다 월등히 빠른 속도로 해낼 수 있어서 대단한 능력을 갖춘 것으로 여겼습니다. 그렇기에 인간이 하기 힘든 어려운 수학 계산을 척척 잘 해내는 기계라면 인간이 쉽게 할 수 있는 일들은 당연히 더 쉽게 해내리라고 생각했습니다. 그래서 고작 10년 정도면 인간에 필적할 만한 인공지능을 만들 수 있을 거라는 매우 희망적인 예측을 하기도 했습니다. 하지만 그런 일은 일어나지 않았지요. 아이러니하게도 인간이 어려워하는 수학 계산은 척척 잘하는 컴퓨터에게 인간이라면 아이들도 쉽게 할 수 있는 개와 고양이를 구분하게 만들 수는 없었던 겁니다. 수학적인 기호논리를 바탕으로 만들어지는 인공지능은 규칙이나 절차가 명확한 일은 쉽게 할 수 있었습니다. 하지만 이런 언어를 사용해서 연산을 처리하는 기호논리적인 방법으로는 인공지능을 모호하거나 불명확한 일도 할 수 있는 인간처럼 만들기란 불가능이나 다름없는 일이었습니다.

물론 1950년대에는 기호논리적인 방법이 아닌 다른 방법으로 인공지능을 만들고자 하는 시도도 있었습니다. 인간의 뇌를 구성하고 있

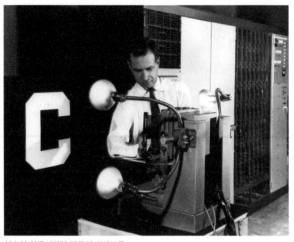
최초의 인공신경망 컴퓨터 퍼셉트론

는 신경망을 모방해서 만든 인공신경망이 바로 그것입니다. 최초의 인공신경망 컴퓨터는 프랭크 로젠블랫(Frank Rosenblatt)이 발명한 퍼셉트론(perceptron)입니다. 이런 퍼셉트론 방식의 인공지능을 연구하는 분파를 '연결주의'라고 부르기도 합니다. 연결주의라는 이름은 인공신경망의 연결을 변화시키는 방법으로 인공지능을 만들고자 했기 때문에 붙여진 이름입니다.

이에 반해 수학적인 기호논리에 바탕을 둔 방법으로 인공지능을 만들고자 했던 분파를 '기호주의'라고 부릅니다. 그런데 기호주의 인공지능은 사람이 컴퓨터 프로그래밍 언어로 세세하게 작성한 지시문이 있어야 제대로 작동할 수가 있습니다. 반면, 퍼셉트론과 같은 연결주의 인공지능은 사람이 올바른 답을 제시해주면 그런 답을 내는 방법을 학습을 통해서 스스로 터득하게 됩니다. 인공신경망에 바탕을 둔 연결주의 인공지능의 시작이라고 할 수 있는 퍼셉트론은 기호주의 인공지능과는 달리 간단한 이미지를 구분하는 일을 잘 해냈기 때문에 큰 기대를 받고 많은 연구비 지원도 받게 됩니다. 하지만 인공지능에 대한 큰 기대에 비해 이뤄낸 결과가 신통찮았기 때문에 인공지능 연구는 전반적인 침체기에 들어갑니다.

1950년대에 시작된 인공지능 연구는 수십 년 동안 많은 노력에도 불구하고 인간에 필적할 만한 수준에는 아직 도달하지 못했습니다. 수학 계산, 명확한 규칙이나 절차를 따르는 일은 인간보다 월등히 잘할 수 있지만, 사람이 별다른 노력 없이 쉽게 하는 사물의 모양을 알아보거나 소리를 알아듣게 만드는 일은 너무도 어려워서 최근까지도 제대로 성과를 내지 못하고 있었습니다.

그러다 2010년대에 들어오면서 인공지능 분야에서도 미운 오리 새끼 취급을 받던 인공신경망이 딥러닝(Deep Learning)이라는 새로운 이름으로 활약을 시작하게 됩니다. 2010년에는 음성을 인식하는 일에서, 2012년에는 이미지를 인식하는 일에서 기존의 방법들보다 월등한 성능을 내게 되었고, 불과 몇 년 사이에 인간에 필적하거나 인간을 조금 앞서는 수준까지 도달하기도 합니다. 이러는 사이 2011년에는 IBM의 인공지능 컴퓨터 왓슨(Watson)이 〈제퍼디!(Jeopardy!)〉라는 미국의 인기 퀴즈쇼의 역대 우승자들과의 대결에서 압도적으로 승리하는 일이 일어났고, 같은 해에는 음성으로 대화할 수 있는 애플의 인공지능 비서 시리도 등장합니다.

지금까지 SF 영화에서나 볼 수 있었던 일들이 드디어 하나씩 현실이 되고 있습니다.

알파고가 승리하다

2016년 3월, 인공지능이 인간 최고수 바둑 기사에게 승리하는 사건이 일어났습니다. 구글의 딥마인드(DeepMind)사가 개발한 바둑 전용 인공지능 알파고가 이세돌 9단에게 4대 1로 이긴 것입니다. 사실 알파고와 이세돌 9단의 역사적인 경기를 앞두고 결과 예상에 나선 전문가들은 이세돌 9단의 우세를 조심스레 예측했었습니다. 알파고가 유럽의 바둑 챔피언 판 후이 2단을 이기는 등 많이 발전하기는 했지만 인간 최고수 기사를 이기기엔 아직 실력이 부족하다는 판단이었습니다.

하지만 결과는 누구나 잘 알듯이 이세돌 9단이 가까스로 한 번 이긴 것으로 만족해야 했습니다. 결국 이세돌 9단의 1승이 인공지능과 바둑을 겨룬 인간의 마지막 승리가 되었습니다. 알파고를 만든 구글 딥마인드사의 CEO 데미스 하사비스는 당시 알파고의 승리를 인간의 달 착륙에 비유하기도 했습니다. 알파고의 승리는 그만큼 인류 역사에 중요한 변곡점이 되는 사건이라고 할 수 있습니다. 인공지능이 드디어 인간의 직관력을 흉내 낼 수 있게 된 것입니다.

인공지능 알파고는 연결주의 인공지능의 원조인 퍼셉트론의 한참 후배격이라고 할 수 있습니다. 알파고도 퍼셉트론처럼 인공신경망을 기반으로 만들어졌기 때문입니다. 하지만 알파고는 퍼셉트론과는 비교할 수 없을 정도로 거대하고 복잡한 인공신경망으로 이루어져 있습니다. 그러나 알파고도 인공신경망 컴퓨터이기 때문에 학습을 통해서 바둑을 배우게 됩니다. 알파고도 처음에는 사람들이 바둑을 둔 기록인 기보를 바탕으로 한 일종의 지도학습으로 시작했지만, 나중에는 스스로 자기 자신과 바둑을 두면서 실력을 향상시켰습니다. 이렇게 인공지능이 스스로 학습하는 방식을 강화학습이라고 합니다.

딥마인드는 알파고의 승리 이후에 '알파제로(AlphaZero)'라는 새로운 버전을 만들어서 이번에는 기보로 학습하는 일 없이 오로지 바둑을 두는 규칙만 가르쳐주고 바둑을 스스로 학습하게 했습니다. 놀랍게도 알파제로는 단 시일의 강화학습을 통해 알파고를 이길 만큼의 실력을 쌓았습니다. 이렇게 되자 딥마인드는 더 이상의 바둑 인공지능 연구를 중단하고 바둑보다 더 어려운 게임에 도전하고 있습니다. 바로 〈스타크래프트〉입니다. 스타크래프트는 바둑과는 달리 대전하는 상대방의 상황을 완전히 알지 못하는 상태에서 추측으로 진행하는 게임이기 때문에 바둑보다 인공지능으로 상대하기가 훨씬 어려운 게임입니다.

미운 오리 새끼 인공지능이 백조가 되기까지

최근 인공지능이 크게 발전한 데에는 인공신경망에 바탕을 둔 딥러닝 인공지능이 중요한 역할을 했습니다. 미운 오리 새끼 취급을 받던 인공신경망이 딥러닝이란 이름으로 화려하게 부활해 인공지능의 대표주자가 되기까지 중요한 영향을 미친 요인으로 다음 세 가지를 꼽을 수 있습니다.

첫째, 소셜 미디어 덕분에 학습에 필요한 대량의 데이터를 쉽게 확보할 수 있게 되었습니다.

둘째, 심층신경망을 효과적으로 학습시킬 수 있는 더 나은 알고리즘들이 고안되었습니다.

셋째, 엄청난 양의 신경망 계산을 빠르게 처리할 수 있는 GPU가 있습니다.

첫째 요인을 다른 말로는 빅 데이터(Big Data)라고도 합니다. 인공신경망
은 다양한 경우의 수를 최대한 많이 학습할수록 성능이 좋아집니다. 그
래서 학습에 필요한 많은 데이터를 준비하는 일이 매우 중요합니다. 예
를 들어, 사진을 보고 사물을 식별하는 신경망 인공지능이 학습하기 위
해선 수천만 장의 사진이 필요합니다. 이러한 엄청난 양의 사진들은 인터
넷의 소셜 미디어를 통해서 사람들이 올리는 사진이 없었다면 마련될 수
없었을 겁니다.

둘째 요인은 미운 오리 새끼 취급을 받는 어려움 속에서도 인공신경망
에 대한 믿음을 버리지 않고 한 우물을 판 제프리 힌튼(Geoffrey Hinton) 교
수 등 연구자들의 노력과 캐나다 정부의 지원 덕분이기도 합니다. 딥러
닝 연구자들이 고안한 새로운 알고리즘들이 심층신경망*을 학습시킬 수
있는 길을 열게 된 것입니다.

셋째 요인인 GPU(Graphic Processing Unit)는 원래 컴퓨
터 게임의 화려한 그래픽을 처리하는 데 쓰이는 장치입
니다. 이 GPU는 다름 아닌 게임을 즐기는 게이머들 덕

* 심층신경망 수많은 계층에 기
반을 둔 대형 알고리즘과 데이터
로 훈련하는 신경망이다. 일반적
인 신경망에 숨겨진 계층은 2~3
개인 데 반해, 심층신경망에는
10~20개의 계층이 있어 훨씬 많
은 것을 인식할 수 있다.

분에 크게 발전한 하드웨어입니다. 게이머들이 게임에서 더 화려하고 실
감 나는 그래픽을 즐기기 위해 새로운 컴퓨터 그래픽 장치에 기꺼이 돈
을 지불했기 때문에 이런 GPU 장치가 지금의 수준으로 빠르게 발전할
수 있었고, 지금처럼 인공신경망의 계산에도 중요한 역할을 하게 된 겁
니다.

게임, 인공지능에게 날개를 달아주다

　　최근 이렇게 인공지능이 급격히 발전한 데에는 컴퓨터 게임의 역할이 매우 컸다고 할 수 있습니다. 인공지능 알파고는 영국의 인공지능 회사 딥마인드에서 만든 것입니다. 그런데 이 딥마인드를 세운 창립자이자 CEO인 데미스 하사비스는 사실 게임을 만들던 게임 개발자 출신입니다. 청소년 시절에 일찌감치 재능을 드러내서 10대에 이미 〈테마파크〉라는 게임으로 큰 성공을 거뒀고, 2000년대 초에는 게임 인공지능의 기념비적 작품 〈블랙 앤드 화이트〉의 인공지능을 개발하기도 했습니다. 그 이후로 직접 자신의 게임 회사를 창업해 인공지능이 중심이 되는 게임들을 만들기 위해 노력했습니다. 하지만 상업적으로는 성공을 거두지 못하자 게임계를 떠나 뇌과학을 공부하려고 박사 과정을 밟았습니다. 성공적으로 박사 학위를 받은 후 다시 창업한 회사가 바로 지금의 딥마인드입니다.

　　이런 딥마인드가 처음으로 세상의 주목을 받게 된 것은 고전 게임기인 아타리(Atari)에서 작동하는 게임을 통해서 사람의 지도나 도움 없이 인공지능이 스스로 플레이할 수 있는 기술을 선보이면서부터입니다. 이렇게 인공지능이 사람의 도움 없이 스스로 학습을 하는 것을 '강화학습'이라고 합니다. 인공지능이 스스로 학습하는 강화학습은 인공지능 기술 중에서도 난이도가 가장 높은 기술에 해당합니다. 이런 놀라운 성과 덕분에 세계 최고의 기술 회사인 구글로부터 큰 금액을 투자받고 인수되어 구글 딥마인드로 이름을 바꾸게 됩니다.

데미스 하사비스(왼쪽)와 그가 개발한 〈블랙 앤드 화이트〉 게임 장면(오른쪽)

　필자는 2001년에 미국 실리콘밸리에서 열린 세계 최대 규모의 게임 개발자 컨퍼런스인 GDC(Game Developers Conference)의 한 인공지능 강연에서 데미스 하사비스를 직접 볼 수 있는 기회가 있었습니다. 당시 그는 스물네 살의 젊은 나이로, 게임 인공지능의 기념비적인 작품인 〈블랙 앤드 화이트〉를 뒤로 하고 자신의 회사를 창업해서 〈리퍼블릭〉이라는 인공지능 게임을 야심 차게 개발하고 있었습니다. 이 게임은 한 나라의 정치 시스템 전체를 인공지능으로 시뮬레이션하는 게임으로, 이를 위해선 기존보다 더 뛰어난 인공지능 기술이 필요했습니다. 당시 강연은 이런 목적으로 만들어진 새로운 인공지능 기술에 대해 발표하는 자리였습니다. 그동안 이 분야에 뛰어난 재능을 가진 이들을 여럿 만나 보았지만 그냥 보기에도 천재의 아우라가 강하게 뿜어져 나오는 모습을 보여준 이는 데미스 하사비스가 거의 유일했습니다.

게임 개발자 출신인 데미스 하사비스가 세운 딥마인드는 딥러닝 인공지능으로 아타리 게임을 스스로 플레이할 수 있는 강화학습 인공지능을 만들고, 여기에서 멈추지 않고 알파고를 만들어서 세상에서 가장 오래된 게임이라고 할 수 있는 바둑에 도전해서 승리했고, 지금은 실시간 전략 게임인 〈스타크래프트〉에 도전하기 위해 열심히 새로운 인공지능을 개발하고 있습니다. 사실 알파고를 만든 딥마인드뿐만 아니라 많은 회사와 연구자가 게임을 인공지능 연구에 활용합니다. 이렇게 게임은 인공지능의 도전 목표가 되기도 하고, 인공지능을 학습시키는 데 필요한 가상 환경이 되기도 합니다.

━━━━━ 인공지능이 인간의 직업을 바꾸게 될까?

앞으로 인공지능이 발전해서 사람이 하던 일을 더 많이 할 수 있게 되면 사람의 일자리가 없어지거나 줄어들게 될 것을 걱정하는 이들이 많습니다. 그래서 인공지능에 의해 대체될 가능성이 높은 직업과 가능성이 낮은 직업을 구분하려는 연구도 있습니다. 인류의 역사를 되돌아보면 새로운 자동화 기술이 등장하면 일시적으로는 일자리가 줄어들었지만, 결국 이런 자동화 기술 덕분에 할 수 있는 일이 새롭게 더 늘어나고, 그로 인해 새로운 일자리가 더 많이 만들어지기 때문에 걱정할 필요가 없다고 생각하는 사람들도 있습니다.

하지만 기존의 자동화가 인간이 근육으로 하던 육체적인 노동을 주로 대체하던 것에 비해 인공지능의 경우는 인간이 두뇌로 하던 지적인 노동을 대체하는 것이라서 좀 달리 따져볼 필요가 있습니다.

인간 의사보다 더 신뢰를 얻는 인공지능 의사

의사라는 직업은 사람들의 건강과 생명을 다루는 매우 중요한 직업이기도 하지만 의사가 되기 위한 조건이나 과정이 어렵기 때문에 보수도 많고 사회적으로도 존경받는 직업입니다. 인공지능이 아무리 인간의 지능을 모방한다고 하더라도 의학과 같이 뛰어난 전문가들이 할 수 있는 분야의 지식을 다루기는 어려워 보입니다. 하지만 이런 전문가의 영역도 그 장벽이 점점 허물어지고 있습니다. 국내의 경우 2016년 가천대 길병원을 시작으로 암 진단에 IBM의 인공지능 왓슨이 도입되어 의사들을 도와 실제로 암 환자들을 진단하고 그에 대한 처방도 내리고 있습니다.

한편, 가천대 길병원에서 흥미로운 조사를 했는데, 의사와 인공지능 왓슨의 처방이 엇갈릴 경우 환자들에게 선택권을 주어본 것입니다. 그런데 암 환자들이 인공지능보다는 인간 의사를 더 신뢰할 것이란 예상과 달리 인공지능의 진단을 선택한 경우가 더 많았다고 합니다. 암 환자들이라면 처방에 대한 선택의 무게가 그냥 오늘의 점심 메뉴를 선택하는 것과는 확연히 다를 것입니다. 이런 선택은 생명에 직결될 수 있기 때문에 절대 가벼운 게 아닙니다. 생명이 걸린 중대한 문제에서 암 환자들이 보인 선택은 인공지능에 대한 우리의 생각을 다시금 돌아보게 하는 시사

점이 있습니다. 이런 긍정적인 결과 덕분인지 다음 해인 2017년에는 전국의 여러 대학병원에서 앞다투어 인공지능 의사 왓슨을 도입했습니다.

'글쓰기가 가장 쉬웠어요' 인공지능 기자

글쓰기는 인간의 지적인 활동 중에서도 매우 난이도가 높은 일입니다. 이런 글쓰기를 필수적인 자질로 요구하는 직업이 바로 기자입니다. 그런데 날씨 보도, 스포츠 경기 결과 전달, 주식 시황 등 단순한 사실을 보도하는 몇몇 기사들은 이미 인공지능에 의해서 쓰이고 있습니다. 앞으로 기자들이 자기의 직업을 지키려면 단순 보도가 아닌 사회에서 일어나는 일에 대한 심층적인 탐사 보도를 하는 방향으로 노력해야 할 것으로 보입니다.

모두에게 공정한 인공지능 법조인

법률사무소에서 법적인 소송을 준비하는 과정에 필요한 자료를 수집하고 조사하고 정리하는 작업은 고도의 전문성을 요구하면서도 매우 일손이 많이 가는 일이기도 합니다. 이미 미국의 법률사무소에서는 이런 소송 준비에 필요한 준비 작업을 인공지능에게 맡기는 일이 일어나고 있습니다. 아직까지 최종적인 검토와 판단은 인간 변호사의 몫으로 남아 있지만 말입니다. 그런데 인간 판사들이 공정하고 올바른 판결을 제대로 내리지 못한다면 앞으로 사람들은 인공지능 판사에게 재판받기를 원하게 될지도 모르는 일입니다.

창작의 고통에서 자유로운 인공지능 예술가

인공지능이 인간의 지능을 대신한다고 하더라도 인간의 상상력과 창의성이 발휘되는 예술 분야는 여전히 인간의 영역으로 남아 있을 것이라고 생각하는 이들이 많습니다. 하지만 최근의 딥러닝 인공지능은 이전의 논리에 기반을 둔 인공지능과는 매우 다른 종류란 것을 파악하지 못한 이들의 잘못된 생각입니다. 놀랍게도 딥러닝 인공지능은 사람이 하기에도 쉽지 않은 예술적인 그림을 그려내거나 음악을 작곡

인공지능이 그린 렘브란트 풍의 초상화

하기도 합니다. 아직은 뛰어난 예술가나 음악가의 작품에 비할 바는 아니지만 이제 그림이나 음악은 웬만한 초보 예술가 이상으로 인공지능이 만들어낼 수 있습니다.

위의 그림은 네덜란드의 대표적인 화가 렘브란트(Rembrandt van Rijn)가 남긴 그림들을 인공지능이 학습한 후에 렘브란트가 아직 살아 있다면 그렸을 법한 새로운 그림을 그려낸 것입니다. 이 그림은 당당히 예술품으로 인정받아 거액에 팔리기까지 했다고 합니다.

나아가 딥러닝 인공지능은 미술과 음악뿐만 아니라 문학에도 도전해서 시나 소설을 창작하기도 합니다.

사람의 마음을 더 잘 이해하는 인공지능 심리상담가

딥러닝 인공지능은 이제 사람과 음성으로 대화할 수도 있고, 사람의 얼굴을 알아볼 뿐만 아니라 표정을 통해 감정도 읽어낼 수 있습니다. 이런 기술이 조금 더 발전한다면 심리상담사의 역할도 잘 해낼 수 있을 겁니다. 정신적인 어려움을 겪는 이들이 인간 심리상담사보다 인공지능 상담사에게 오히려 더 속마음을 편하게 털어놓는다는 보고도 있습니다.

━━━━━ 인공지능이 가져올 미래

인공지능이나 로봇의 발전이 인간의 일자리를 위협하게 될 거라는 우려가 있기에 이런 일에 대비하는 방법들에 대해서도 사람들은 고민하고 있습니다. 대표적으로 일을 하지 못하거나 혹은 하지 않더라도 무조건 일정 금액의 소득을 국가가 제공하는 기본소득법이 고려되고 있습니다. 기본소득법은 최근 핀란드에서 제한적인 조건을 두고 시범적으로 운영되기도 했습니다. 빌 게이츠(Bill Gates)는 기업이 로봇을 도입해서 인간의 일자리가 없어질 경우 로봇에 세금을 부과하는 로봇세를 제안하기도 했습니다.

물론 인공지능의 발전이 일시적으로 사람들의 일자리를 없애기는 하겠지만 결국에는 새로운 일자리를 만들어낼 것이라서 걱정할 필요가 없다는 이들도 있습니다. 하지만 그렇게 생겨나는 새로운 일자리가 아무나 쉽게 할 수 있는 자리는 아닐 것이라고 봅니다. 새롭게 생겨나는 일이 과연 어떤 일이 될지 짐작해보면, 우선 인공지능을 다루는 일들이 많이 생겨날 것으로 보입니다. 지금도 이미 인공지능을 연구하거나 개발하는 데 필요한 전문 인력들을 구하거나 교육하기 위해서 기업이나 국가에서 애쓰고 있습니다. 하지만 이런 인공지능을 다루는 일을 하려면 학창시절부터 수학, 물리학, 컴퓨터 프로그래밍 등의 실력을 잘 갖춰야 하기 때문에 결국 이런 걸 잘할 수 있는 소수의 사람에게나 가능한 일입니다.

그렇다면 나머지 보통 사람들은 어떻게 해야 할까요? 어찌 되었건 장차 우리가 살아갈 미래에는 많은 일이 인간 대신 인공지능이나 로봇에 의해 수행될 것입니다. 그렇게 되면 사실 사람이 생계를 위해서 애써 노동할 일은 거의 없어지게 될 겁니다. 일은 인공지능과 로봇이 해주고 사람들은 어떻게 하면 여가를 즐겁게 보낼 수 있을지 고민하게 될 겁니다. 그래서 여가를 즐겁게 보내기 위한 방법으로서 게임의 중요성이 매우 커질 것으로 보입니다. 어쩌면 게임 분야에서 새로운 일자리들이 많이 생겨날지도 모릅니다. 사람들의 삶을 즐겁고 풍요롭게 해줄 게임을 만드는 일은 매우 보람 있고 신나는 일이자 사람들로부터 크게 존경받는 일이 될 것입니다.

김성완

대학에서 물리학을 전공했고, 한국 게임개발자 1세대로서 한국의 초창기 3D 게임 기술 개척에 일조하기도 했다. 부산게임아카데미를 비롯한 여러 대학의 게임학과에서 게임 개발자 지망생들을 가르쳤다. 게임에 사실적인 자연 현상을 시뮬레이션하기 위해 지구과학 박사 과정을 수료하기도 했다. 인디게임 개발자 커뮤니티 '인디라!'를 운영하고 있고, 한국을 대표하는 국제 인디게임 페스티벌인 부산인디커넥트 페스티벌의 집행위원장이기도 하다. 현재는 게임회사 펄어비스의 R&D 팀에서 딥러닝 인공지능을 연구하고 있다.

03

스마트폰은 사람의 마음을 어떻게 바꿀까?

이장주

하루가 다르게 변하는 기술 발전은 세상을 바꿔놓았습니다. 초등학생 고학년들이라면 하나쯤 다 있는 스마트폰은 만능기기입니다. 이것만 있으면 언제 어디서나 무엇을 원하든 쉽게 접속해 해결할 수 있습니다. 불과 한 세대 전만 해도 이런 일이 가능한 사람은 세상에 많지 않았습니다. 정부나 기관의 높으신 엘리트들이나 가능했던 일입니다. 그러나 지금은 초등학생들도 가능해진 시대가 온 겁니다. 이게 다 스마트폰이라는 기술로 인한 변화입니다.

기술이 사람의 마음을 바꾸는 세상

스마트폰은 세상만 바꿨을까요? 아닙니다. 사람의 마음도 바꿨습니다. 한 세대 전 초등학생들의 마음과 지금 초등학생들의 마음은 분명 다릅니다. 사람이 어떤 것을 느끼고 생각하고 행동하게 만드는 마음은 어떤 능력과 기술을 가지고 있는가에 따라 달라지기 때문입니다. 예를 들면, 배를 가지고 있는 사람은 물을 떠올리면 즐겁게 물 위에서 놀 생각을 할 겁니다. 반면 배가 없는 사람은 물이 겁나고 두려워서 피하려고 합니다. 배라는 것도 넓게 보면 사람들이 만들어낸 기술의 일종입니다. 이렇듯 기술은 사람의 마음에 영향을 미치고 또 새로운 생각을 이끌어냅니다. 심리학에서는 이런 분야를 문화심리학(cultural psychology)이란 주제로 다룹니다. 이제부터 스마트폰이라는 기술이 사람의 마음을 어떻게 바꾸었는지 문화심리학적 관점에서 살펴보겠습니다.

문화에 따라 변화하는 인간의 심리

불의 사용: 동물과 다른 마음을 갖게 되다

인간과 동물을 구분 짓는 여러 가지 기술 중 단연 으뜸은 불의 사용입니다. 인류가 불을 사용하기 시작한 것은 대략 100만 년 전이라고 합니다. 우선, 불이라는 기술을 사용하게 되면서 인간의 생활 범위가 넓어졌습니다. 추운 지역이나 깊은 동굴 같은 어두운 곳, 그리고 캄캄한 밤도 더 이상 사람들의 활동을 제약하지 못했습니다. 또 불만 있으면 맹수들도 두렵지 않았겠지요. 한편, 불을 사용해 요리하게 된 사람들은 조심스럽고 신중하게 행동해야 했습니다. 잘못하면 화상을 입을 수 있기 때문입니다. 그러다 보니 요리가 완성되기까지 기다리면서 인내심이 점점 자라났습니다. 동물의 마음과 분명하게 구분되는 인간의 마음이 탄생하는 순간입니다.

불로 인해 음식으로부터 에너지를 얻는 일이 쉬워지고, 이렇게 얻은 풍부한 에너지는 사람의 뇌를 키웠다고 합니다. 그리고 그런 뇌를 가진 인류의 조상들은 저녁을 먹고 불 근처에 모여서 재미있는 이야기, 신기한 이야기들을 했겠지요. 그로 인해 언어가 섬세해지고 다양해졌습니다. 요즘에도 캠핑장에 갔을 때 모닥불 앞에서 하룻밤을 함께 지낸 사람들끼리 아주 친한 사이가 되듯이 말이지요. 이렇듯 불은 사람들의 사회성을 키워주는 매개 역할을 했습니다. 인간의 역사에서 100만 년 전 불의 발견과 사용은 요즘 스마트폰과 비교해도 절대 뒤떨어지지 않는 놀라운 혁신이었습니다. 환경에 전적으로 의존하는 동물이 아니라 사람이 스스로 생활환경을 만들어내는 문화적 존재로 바뀌는 데 불이 아주 중요한 역할을 했음이 분명합니다.

농업 혁명: 문명의 길로 들어서다

1만 년 전쯤 아주 놀라운 변화가 또 일어납니다. 바로 농업 혁명이라고 불리는 기술적 진보입니다. 농업이라는 혁신적인 기술을 통해 원하는 곡식을 재배해 풍성한 수확을 얻어낼 수 있는 비법을 터득한 것입니다. 불이 사람의 뇌와 마음의 크기를 키웠다면, 농업 혁명으로 풍족해진 식량은 인구를 폭발적으로 성장시켰습니다. 그리고 그 자리에 마을이 생겨났지요.

농업 기술은 이전과 다른 새로운 기술과 마음을 만들어냈습니다. 우선 관료제라는 것이 생겨나게 됩니다. 많은 생산물과 사람들을 관리하기 위해 따로 전문적인 일이 생겨난 것입니다. 요즘으로 치자면 공무원의 탄생이지요. 이들이 다른 사람들보다 더 우월한 지위에서 권력을 누릴 수 있었던 이유는 글자와 숫자를 다룰 줄 아는 능력 때문이었습니다. 글과 숫자가 필요한 이유는 머릿속으로만 다룰 수 없을 정도로 풍요로워졌기 때문입니다. 필연적으로 풍요로운 것들을 어떻게 나눌 것인가의 문제가 새롭게 발생합니다. 이것이 권력의 탄생으로 이어지게 됩니다. 일반적으로 글자와 숫자를 아는 사람들은 권력의 상층부를 차지했습니다. 하층부에서도 이전과 다른 권력이 생겨납니다. 바로 가부장제라는 제도입니다. 농업에서 생산력을 좌우하는 요인은 사람과 동물의 힘입니다. 당연히 어머니보다는 아버지의 근력이 더 중요한 요인이고, 딸보다는 아들의 역할이 더 커집니다. 이렇게 남녀의 권력이 나뉘게 되는 계기를 농업 혁명을 빼고 설명하기란 어렵습니다.

르네상스와 산업 혁명: 남녀평등을 꿈꾸다

르네상스 혁명은 글자와 숫자의 민주화입니다. 보통 사람들도 글자를 접하고 사용할 기회가 늘게 된 것이지요. 그 핵심에는 구텐베르크(Johannes Gutenberg)의 활자 인쇄라는 기술이 있습니다. 과거에 성경은 양

피지에 일일이 손으로 쓴 매우 귀한 물건이었습니다. 중세시대에 성경 한 권을 만드는 데는 양 200마리 분량의 양피지와 수십 자루의 펜, 그리고 필경사의 1년 반 정도의 작업 시간이 필요했다고 합니다. 성경 제작에 필요한 비용은 당시 집값의 20%에 달했답니다. 요즘 집값으로 따져보면 수천만 원에서 수억 원에 이르는 고가품이었던 겁니다.

그런 고가품 성경이 활자로 인쇄되면서 저렴한 가격으로 많은 사람에게 보급되다 보니 성경을 독점하던 성직자들의 권위가 떨어졌습니다. 그게 종교 혁명의 계기가 되었습니다. 대중화된 글자는 지식의 유통과 확산을 가져왔습니다. 시민들의 사고 수준이 높아진 것이지요. 그러면서 과학에 획기적인 발전이 일어납니다. 현상이 아니라 현상 이면에 있는 법칙을 찾고자 하는 사람들이 늘어났고, 이런 법칙을 활용해서 새로운 기술들이 나날이 늘어가게 됩니다. 이런 지식의 축적은 산업 혁명으로 이

어집니다.

산업 혁명은 사람이나 동물의 힘이 아니라 기계의 힘으로 물건을 만드는 획기적인 생산 방식의 변화였습니다. 그 결과 어마어마한 양의 물건이 쏟아져 나오게 되었습니다. 기계 덕분에 풍족해진 사회는 사람들의 심리에 중요한 변화를 가져왔습니다. 그중 하나는 개인주의입니다. 풍족한 것 가운데 선택을 하니 사람마다 개성이 강조됩니다. 또 다른 하나는 남녀평등이란 사고입니다. 과거 농업 사회에서는 힘이 센 남자들의 역할이 중요했지만, 산업 사회를 거치면서 기계가 도입되자 많은 힘이 필요치 않게 됐습니다. 당연히 여자들도 남자 못지않게 서비스 영역에서 오히려 더 좋은 성과를 보여주었습니다. 이런 변화는 여성에게도 투표권을 주어야 한다는 운동으로 이어집니다. 미국의 경우, 여성 참정권 운동은 산업 혁명이 시작되던 19세기 초반에 시작되어 산업 혁명이 정점에 달하던 20세기 초반 이루어지게 됩니다. 여성주의 운동, 즉 페미니즘은 산업화란 기술적 진보가 만들어낸 새로운 사회현상이었던 겁니다.

스마트 혁명과 4차 산업 혁명: 새로운 인류가 탄생하다

20세기 중반 TV를 비롯한 미디어의 확산과 뒤를 이은 컴퓨터와 인터넷 같은 정보통신 기술의 발달은 산업 사회를 넘어 정보화 사회로 변화를 이끌게 됩니다. 누구나 인터넷으로 연결되어 정보에 접근할 수 있는 사회가 되는 정보의 민주화가 일어납니다. 당연히 과거에 정보를 독점했던 전문직의 권위들이 약화됩니다. 예를 들면, 20세기 중반만 해도 '고딕체'니 '명조체'니 하는 폰트의 용어는 인쇄소 식자공들만 알았던 전문

용어였다고 합니다. 그러나 컴퓨터의 워드프로세서가 보급되면서 이제는 초등학생도 아는 상식용어가 돼버렸습니다. 당연히 식자공이라는 전문 직업도 사라졌지요.

정보통신 기술은 자아의 인식에도 변화를 주었습니다. SNS의 효시 격인 싸이월드(www.cyworld.com)는 인터넷과 휴대폰 카메라가 결합되면서 폭발적인 인기를 끌게 되었습니다. 주로 자신의 사진과 함께 짧은 글을 올려놓는 방식 때문에 사진 보정 기술이 보편적으로 쓰이게 됐습니다. 피부를 뽀얗게 하거나 눈을 키우는 기술은 싸이월드를 하는 사람이라면 누구나 배워서 사용해야 하는 보정 기술이 된 겁니다. 그런데 그것으로도 한계가 왔습니다. 원판 불변의 법칙이라고나 할까요? 이미지가 인터넷으로 왕성하게 유통되면서 성형수술 바람이 불게 됩니다. 물론 과거에도 성형수술이 없었던 것은 아닙니다. 차이가 있다면 과거의 성형수술은 몰래 숨기려고 하는 비밀에 가까웠다면 싸이월드 이후의 성형수술은 드러내고 자랑하고 싶은 일로 바뀐 것이지요. 기술이 만들어낸 사회심리적 변화의 단면을 보여주는 사례입니다.

그리고 얼마지 않아서 스마트 시대가 왔습니다. 스마트폰은 그 자체로 대단한 기술의 집적체입니다. 특히 센서들이 그렇습니다. 속도를 측정하는 가속 센서, 폰의 기울임에 반응하는 자이로(gyro) 센서, 밝기 감지 센서, 모션 센서, 지문 인식 센서 등 10여 가지 첨단 센서들이 손 안의 작은 플라스틱 속에 모두 들어 있습니다. 참고로 이런 센서들을 활용하면 크루즈미사일도 만들 수 있다고 합니다. 한 세대 전의 첨단 기술 요원이나 리더만이 활용하던 기술이 이제는 유치원생도 사용하는 기술이 돼버렸습니다. 어른과 아이의 경계를 스마트폰이라는 기술이 흐릿하게 만든 겁니다. 〈겨울왕국〉이나 〈코코〉 같은 애니메이션이나 〈클래시 로얄〉 같은 게임은 어른 아이 구분 없이 즐기는 스마트 시대의 문화콘텐츠 특성을 잘 보여줍니다.

4차 산업 혁명이 오면서 새로운 심리적 변화가 일어나고 있습니다. 바로 사람과 사물의 경계가 흐릿해지고 있다는 겁니다. 어떤 로봇과 인공지능을 사용하는가에 따라 사람의 능력 차이가 발생하는 시대가 다가오고 있습니다. 이런 변화는 많은 위험과 가능성이 섞여 있습니다. 자칫 인간의 직업을 로봇에게 다 빼앗겨 버릴 수 있다는 경고가 나오는 동시에 로봇을 활용해 어떤 새로운 일을 할 수 있는가에 대한 기대 역시 함께 높아지고 있습니다. 옛말에 '나를 알고 상대를 알면 백전백승(知彼知己, 百戰百勝)'이라는 말이 있지요. 이런 점에서 기술이 사람의 마음을 어떻게 바꾸는지 먼저 아는 것은 미래를 대비하기 위해 가장 먼저 알아야 할 지식입니다.

어떻게 마음은 기술을 닮아갈까?

기술이나 제도 같은 문화적 환경이 사람의 마음에 변화를 주는 과정을 많은 심리학자가 내면화(internalization)라는 과정을 통해서 설명했습니다. 내면화란, 외부의 것을 받아들여 나의 것으로 만드는 심리적 과정이라고 요약할 수 있습니다.

농사를 짓던 사람들은 하늘을 보면서 일을 했습니다. 해가 뜨면 밭에 나가고, 해가 지면 집에 돌아옵니다. 비가 오면 쉬고, 날이 개면 일을 했습니다. 지붕이 있는 공장에서 일을 하게 되는 산업 사회에서는 더 이상 하늘을 보며 일을 할 필요가 없게 되었습니다. 그 대신 시계를 보면서 살게 됩니다. 그러면서 우리의 생활은 시계에 맞춰 사는 삶으로 바뀌었습니다. 아침은 8시 이전에, 점심은 12시에서 1시 사이에, 저녁은 6시 이후에 먹습니다. 9시 출근, 5시 퇴근(9 to 5)이라는 산업 사회 패턴에 맞춘 식습관의 변화가 일어난 겁니다. 공장의 일은 여름이나 겨울이나 동일한 시간에 동일한 패턴으로 작업합니다. 그렇다 보니 늘 시간에 맞춰 밥을 먹는 일이 습관이 됩니다. 12시만 되면 자동적으로 배가 고파지는 것이지요. 또 잠은 어떻습니까? 해가 지면 잠자리에 들고, 해가 뜨면 일어나는 습관은 일 년 내내 8시간 수면으로 고정됩니다. 그러니 밥 먹을 때도 시계를 보고, 일어날 때도 시계를 봅니다. 배가 고파서 밥을 먹고, 졸려서 잠을 자는 것이 아니라, 시간이 되었기에 밥을 먹고 잠을 자도록 시계가 주도하는 삶이 된 겁니다.

산업 사회가 막 무르익어가던 1865년에 루이스 캐럴(Lewis Carroll)은 『이상한 나라의 앨리스(Alice's Adventures in Wonderland)』를 발표합니다. 이 책에서는 앨리스의 모험을 통해 이전의 질서와 다른 당시의 모습을 보여줍니다. 앨리스를 모험으로 인도한 토끼는 회중시계를 보면서 '바쁘다, 바빠'를 연발하며 토끼 굴로 들어가지요. 시간에 맞춰 살아본 적이 없는 사람들에게 이 모습은 매우 낯설고 이상하게 보였음이 분명합니다. 앨리스를 인도했던 토끼를 따라서 100년이 넘게 살다 보니 우리도 그 토끼처럼 시계를 보며 삽니다. 그리고 지금은 시계를 보면서 사는 것이 이상하다는 것도 못 느끼지요. 마음이 시계처럼 움직이게 된 것이지요. 기술들을 반복적으로 사용하다 보니 습관, 즉 기술이 무의식화된 겁니다. 어떻게 이런 일이 가능해진 걸까요?

아이들이 어머니에게 애착을 느끼는 것은 의식적인 노력이 개입하기 이전에 일어납니다. 흔히 각인(imprinting)이라고 불리는 이 현상은 새끼 오리들이 태어나서 어미 대신 제일 먼저 본 사람을 졸졸 따라다닌 실험으로 밝혀졌습니다. 부화 후 36시간 안에 처음 본 움직이는 대상이 어미로 '각인'된 것입니다. 이런 각인은 기술에서도 나타납니다. 아주 어릴 적부터 사용한 기술들은 특별히 의식하지 않아도 자연스럽게 사용할 수 있습니다. 미국의 경우 스무 살이 되기 전까지 3만 시간 정도 디지털기기에 노출된다고 합니다. 무언가의 전문가가 되기 위해서 1만 시간의 노력이 필요하다고 합니다. 이런 점에서 요즘 태어나는 아이들은 스마트폰을 사용함에 있어 초절정 전문가들이라고 보아도 무방할 듯합니다.

미국의 교육학자 마크 프렌스키(Marc Prensky)는 어릴 적부터 디지털기기 속에서 성장한 이들을 '디지털 원주민(Digital Natives)'이라고 불렀습니다. 참고로 이들의 부모 세대는 디지털기기를 애써서 배운 '디지털 이주민(Digital Immigrants)'이라고 불렀습니다. 디지털 원주민들은 컴퓨터와 스마트폰이 특별한 기기가 아니라 생활필수품입니다. 공부할 때도, 친구들과 어울릴 때도, 심심할 때도, 일이 너무 어려울 때도, 언제나 없으면 안 되는 것들입니다. 마치 의식하지는 못하지만 없으면 안 되는 공기가 되어버린 겁니다.

━━━━━ 베짱이의 시대를 이끈 스마트폰

크기가 똑같은 컵이라 해도 손잡이가 달린 컵과 그렇지 않은 컵은 무의식적으로 사용법이 달라진다는 것을 알고 있나요? 손잡이가 달린 것은 주로 뜨거운 것을 담는 데 사용하고, 손잡이가 달리지 않은 컵보다 더 많은 양을 담게 됩니다. 또 손잡이가 달린 컵을 주는 순간 손잡이가 없는 컵보다 더 많이 마시도록 유도합니다. 특별히 의식하지 않더라도 말이지요. 이런 행동은 손잡이에 의해 유도된 행동입니다. 우리가 특정한 마음을 먹어서 한 행동과 상대되는 개념이지요. 1979년 깁슨(J. J. Gibson)이란 심리학자가 이런 현상을 행동 유도성(Affordance)이라고 불렀습니다.

그렇다면 스마트폰은 현대인들의 어떤 행동을 유도했을까요? 우선 스마트폰은 크기가 작습니다. 그렇기에 조작을 하는 데 섬세한 움직임이 필요합니다. 동작을 제한하지요. 또 손가락으로 주로 입력하기 때문에 말을 할 필요가 줄었습니다. 또 다른 특이한 행동이 있습니다. 바로 엄지손가락을 매우 많이 사용하게 되었다는 겁니다. 과거에 사람들은 엄지손가락을 물건을 쥐는 보조 용도로 사용했습니다. 그런데 지금은 다른 손가락은 스마트폰을 쥐어야 하기에 남은 엄지손가락이 활약할 기회가 온 겁니다. 현재와 같은 행동 패턴이 지속된다면 인류의 손가락 사용에서 매우 중요한 변화가 스마트폰으로 인해 발생할 수도 있습니다.

그런데 이런 것보다 더 근원적인 행동의 변화가 일어났습니다. 스마트폰이 없었으면 많은 시간이 들었을 문제들이 스마트폰으로 인해 빠르고 쉽게 해결되는 일이 늘었습니다. 요즘 웬만한 은행이나 학교 같은 공공기관 업무는 스마트폰 애플리케이션으로 다 가능합니다. 직접 오갈 필요가 없습니다. 그렇게 스마트폰으로 일 처리를 하다 보니 남는 시간이 많아졌습니다. 이 시간을 좀 더 즐겁게 보낼 수 있었으면 하는 욕망이 커졌지요.

이런 흐름에서 나타난 콘텐츠가 바로 '게임'입니다. 2016년 기준 애플리케이션 마켓의 80% 이상이 게임 앱 매출이라는 보고가 있습니다. 또 2018년 5월 대한민국 구글플레이 결제 금액 중 94.4%가 게임에서 비롯되었다는 조사 결과도 발표된 적이 있습니다. 이제 스마트폰은 일을 위한 기기가 아니라 즐거움을 위한 기기라고 봐도 무방합니다. 사실 이런 움직임은 정보화 시대부터 나타났습니다. 업무용 컴퓨터보다 최신 게임을 즐길 수 있는 게임용 컴퓨터의 가격이 몇 배나 더 비싸지만 재미를 위해 많은 이들이 아낌없이 투자합니다. 스마트폰은 어쩌면 개미의 시대를 베짱이의 시대로 바꾼 숨은 공신일지도 모르겠습니다.

━━━━━ 4차 산업 혁명을 어떻게 맞이해야 할까?

세상이 급격하게 바뀌는 현상을 혁명이라고 합니다. 그런 점에서 최근 인공지능과 로봇, 그리고 사물인터넷(Internet of Things, IoT)*과 같은 기술의 발전은 직업이나 놀이와 같은 생활 방식과 가치의 획기적인 변화를 예고하고 있습니다. 과거의 관점으로 볼 때 큰 위기인 것이지요. 그러나 역사적으로 볼 때 혁명이라 불리는 위기는 늘 있었습니다. 산업 혁명이 일자리를 모두 없앨 것이기에 기계를 모두 부수어서 일자리를 지키자던 '러다이트(Luddite)' 운동은 지금 보면 과도한 걱정이었지요. 기계로 인해 일자리가 사라지기도 했지만, 더 많은 유통과 서비스직을 만들어냈습니다. 지혜롭

> * 사물인터넷 단어 그대로 '사물들(Things)'이 서로 '연결된(Internet)' 것을 뜻한다. 모든 사물에 센서를 부착해 실시간으로 데이터를 인터넷으로 주고받는 기술이나 환경을 일컫는다.

게 위기를 극복한 사례지요. 최소한 이런 지혜를 가진 조상들의 후손이라면 4차 산업 혁명이라는 위기도 잘 극복할 수 있으리라 생각됩니다.

위기(危機)는 위험(危險)과 기회(機會)를 합쳐서 부르는 말이라고 합니다. 위험을 기회로 만들려면, 세상과 그 세상 속에 사는 사람들의 마음 변화를 잘 읽어낼 필요가 있습니다. 사회에서 가치 있는 일이라는 것은 사람들의 귀찮은 일이나 걱정을 덜어주거나 즐거운 경험을 제공해주는 것들이 대부분입니다. 사회가 바뀐다는 의미는 귀찮은 일이나 걱정거리가 달라지고, 즐거운 일의 종류가 생겨난다는 의미입니다. 앞서 살펴보았듯, 4차 산업 혁명 시대에는 새로운 기술이 마음속 깊숙이 박혀서 무의식으로 작동할 것으로 예상합니다. 인공지능과 로봇 그리고 인터넷으로 연결된 도구들이 우리의 손발처럼 인식될 가능성이 높습니다. 누구나 유능한 로봇을 부하나 직원으로 거느린 사령관이나 CEO가 되는 겁니다. 이런 사령관과 CEO들은 무슨 일을 하고 싶어 할까요? 또 무슨 걱정이 있을까요?

유능한 기술들로 무장된 사람들에게는 일과 놀이가 구분되지 않을까 생각합니다. 유능한데 일을 귀찮고 어렵게 할 이유가 없겠지요. 게임은 아마도 가장 유망한 일이자 놀이가 되지 않을까 생각됩니다. 인터넷으로 연결된 냉장고의 예를 들어보지요. 인터넷이 연결되었다는 의미는 통신이 된다는 의미입니다. 냉장고나 스마트폰이나 본질적으로 다르지 않다는 겁니다. 스마트폰에서 핵심적으로 유통되는 콘텐츠가 게임이라고 했는데, 냉장고로도 게임을 만든다면 어떨까요?

냉장고 게임의 주제는 아마도 음식이나 요리일 가능성이 높습니다. 그리고 이런 콘텐츠에 관심이 많은 사람은 게임을 별로 좋아하지 않는 어머니들이겠지요. 어머니들은 늘 '오늘 뭐 해먹지?'라는 걱정을 합니다. 이것으로 가상의 게임을 만들어봅시다. 이미 시중에 출시된 요리용 게임을 응용하면 좋을 듯합니다. 단지 차이가 있다면 실제 냉장고에 있는 재료를 활용해야 한다는 점이고, 그리고 이런 냉장고들은 또 다른 집 냉장고들과 인터넷으로 연결되어 아파트 단지가 하나의 클랜(clan)*이 되는 것이지요. 저녁에 냉장고 속에 있는 재료로 만든 가장 좋은 레시피를 다운받아 저녁 메뉴를 준비합니다. 그리고 식구들이 만족스러웠다면 추천과 공유로 확산시킵니다.

* 클랜 똑같은 인터넷 게임을 즐기는 사람들이 모여 만든 모임. 길드(guild)보다 모임의 규모가 작다.

이렇게 해서 우리 단지 최고의 실력자를 뽑고 이 실력자와 다른 아파트 단지의 실력자 간에 대결을 펼칩니다. 흥미진진하겠지요?

　냉장고나 스마트폰이나 마찬가지라면, 게임을 게임사에서 유통하듯이 이마트 같은 대형 마트가 냉장고 게임을 유통하는 퍼블리셔(publisher) 역할을 한다면 어떨까요? 다섯 식구가 사용하는 저희 집 냉장고에 한 달 동안 보관하는 재룟값으로 50만 원 정도가 든다고 합니다. 이 정도의 음식 재료(콘텐츠) 소비는 스마트폰 요금보다 훨씬 더 많은 금액입니다. 이런 금액의 음식 재료(콘텐츠)를 매달 안정적으로 소비할 수 있다면, 공짜 휴대폰을 주듯이 공짜 냉장고도 불가능하지 않으리라 생각됩니다. 그리고 냉장고 게임을 통해 음식을 추천하고, 팁을 하나씩 줄 때마다 카카오톡 게임에서 하트를 날리듯이 계란을 하나씩 선물로 주고, 이런 계란이 열 개 모이면 실제 매장에서 계란 한 판으로 교환해주는 것이 뭐 어렵겠습니까? 그리고 게임에서 아이템을 주문하듯 냉장고 게임에서 상위 랭킹에 오른 요리의 식재료들을 주문합니다. 한꺼번에 많이 주문한 단지에는 특별 할인도 해줍니다. "우리 다 같이 오늘 저녁 떡볶이 해 먹어요." 같은 메시지를 공유하지 말라는 법 없겠지요?

조금 더 생각해보면, 4차 산업 혁명 시대에 게임 개발자는 게임사가 아니라 거의 모든 업종에서 다 필요하리라 생각됩니다. 비단 냉장고 게임만 있겠어요? 세탁기 게임이나 칫솔 게임이 없으리란 법이 없지요.

4차 산업 혁명을 헤쳐나갈 원주민에게

4차 산업 혁명 시대를 사는 사람들은 아무 걱정이 없을까요? 아마 아닐 겁니다. 생각지도 못했던 걱정이 나타나리라 생각됩니다. 예를 들면, 내가 온라인에서 대화를 한 상대가 사람인 줄 알았는데, 나중에 알고 보니 인공지능 안드로이드라면 허탈하겠지요. 또 안드로이드 로봇이 에러를 일으켜 사람들 간의 갈등이 나타난다면 어떻게 해결할 수 있을까요? 어떻게 누구를 처벌하고 보상을 받을 수 있을까요? 아마 지금은 상상할 수 없는 더 복잡하고 미묘한 문제들이 나타나리라 생각됩니다. 그럴수록 신뢰할 수 있는 사람들의 역할은 더욱 더 중요해지리라 생각합니다.

이제 하던 이야기를 정리해보지요. 기술은 그냥 삶의 도구가 아니라 우리 마음의 근원에까지 영향을 미치는 중요한 삶의 환경입니다. 그리고 이런 환경이 급속히 변하는 미래의 문제는 이 글을 쓰는 저 같은 사람은 해결하기 어렵습니다. 하지만 저는 걱정하지 않습니다. 지금 이 책을 보는 4차 산업 시대의 원주민인 여러분들은 충분히 해결할 수 있으리라 믿기 때문입니다.

이장주

문화심리학 박사. 기술의 변화가 사회와 심리에 미치는 영향에 관심을 가지고 연구, 글쓰기, 강연을 하고 있다. 특히 게임에 아주아주 관심이 많다. 『사회심리학』, 『청소년에게 게임을 허하라』와 같은 책을 썼다. 더 궁금한 사항은 이메일(zzazanlee@gmail.com)로 문의하면 언제든 답변할 준비가 되어 있다.

04
로봇자동차의
시대가 온다

권용주

'자율주행(Autonomous Driving)'이란, 사전적 의미로는 '자동차나 비행기, 로봇 등의 기계가 외부 힘을 빌리지 않고 자체 판단에 따라 스스로 움직이는 것'을 뜻합니다. 운전자의 불편함을 없애준다는 점 때문에 자율주행차를 '바퀴 달린 인공지능 로봇'으로 부르기도 합니다. 아직은 상상뿐이지만 자율주행차에 변신 기능을 넣으면 영화 속 주인공 트랜스포머를 구현할 수 있을지도 모릅니다. 물론, 한편에서는 '운전의 재미'를 없앤다는 점에서 비판적인 시선을 보내기도 하지만 자율주행차는 무엇보다 교통약자를 위해서라도 꼭 필요한 미래의 기술로 꼽힙니다. 덕분에 완벽한 자율주행 실현을 위한 기술 경쟁은 지금도 '무한도전'으로 진행되고 있습니다.

자율주행차 vs 인간의 레이스, 과연 그 승자는?

2015년 7월 8일, 미국 캘리포니아주에 자리한 소노마 레이스웨이에서 이제껏 볼 수 없었던 흥미로운 경기가 열렸습니다. 자율주행차와 일반 운전자가 레이싱 대결을 펼친 것입니다. 마치 컴퓨터와 겨루는 자동차경주 게임을 현실로 옮겨놓은 듯한 현장을 찾은 참가자들은 다들 처음 접하는 모습에 흥분과 긴장감을 드러냈습니다.

자율주행차 선수로 참여한 제품은 아우디의 RS7으로 '로비(ROBBY)'라는 애칭으로 불리는 모델입니다. 경주는 먼저 로비가 운전자를 태워 주행한 뒤, 이후 운전자가 로비와 같은 모델의 일반 자동차로 갈아타서 기록에 도전하는 방식으로 치러졌습니다. 로비는 주행 시에 GPS를 이용해 경기장에 대한 세밀한 정보를 얻습니다. 이런 방식을 통해 경주로를 정확히 인식해 직선 구간에서는 속도를 최대로 높이고 코너에서는 미리 감속할 수 있습니다. 더불어 완벽한 방향 전환 조작으로 쓸데없는 힘을 낭비하지 않습니다. 다시 말해, 속도나 핸들링의 한계까지 정밀하게 운전 능력치를 끌어올려 주행 상황을 완벽히 조절하는 셈이죠.

총 열 번 치러진 경기에서 로비가 4승, 일반 운전자가 6승을 거두며 인간 팀이 승리했습니다. 아마도 인간들의 승부욕을 로비가 뛰어넘지 못한 듯합니다. 한편, 참가자들의 주행 기록이 나이와 성별, 주행 습관 등에 따라 천차만별인 것과 달리, 로비의 기록은 꾸준히 2분 2초대를 유지했습니다. GPS를 통해 입력된 정보에 따라 같은 경로를 같은 속도와 조향으로 주행한 결과입니다.

하지만 로비의 기록이 항상 완벽히 똑같진 않습니다. 일반 운전자와 마찬가지로 순간의 날씨와 노면 습도, 타이어 상태 등에 영향을 받기 때문입니다. 대체로 로비는 주행을 반복할수록 기록이 빨라집니다. 지속해서 현실 상황을 학습하는 가운데 기본 정보를 보완하고 개선해 발전하는 과정을 거치기 때문입니다. 이 방식을 통해 미흡한 부분을 조금씩 고쳐나가는 것입니다.

다들 자율주행 로봇자동차 시대를 머지않은 미래로 꿈꾸고 있습니다. 만약 모든 차가 자율주행 기능을 갖추게 된다면 그때도 인간 팀이 자율주행차와의 대결에서 승리할 수 있을까요?

자율주행차의 구분법

인공지능을 통해 스스로 움직이는 자동차를 자율주행차라고 부르고 있습니다. 하지만 요즘 들어 부분적인 기능을 갖춘 자율주행차 모델이 여럿 등장하면서 이를 구분하는 용어도 난무한 실정입니다. 움직임을 제어하는 수준에 따라 반자율주행, 또는 준자율주행 등의 용어를 사용하지만, 일반적으로 자율주행 구분은 미국 고속도로안전국이 제시한 '첨단 운전자 지원 시스템(Advanced Drive Assistance System, ADAS)'의 레벨 단계를 따릅니다.

현재 글로벌 자율주행 기술은 레벨2에서 레벨3, 즉 3단계로 넘어가는 시점에 있습니다. 레벨3 기술이 곧 실용화 단계를 앞두고 있다면, 레

자율주행 기술의 단계별 구분법

단계	운행 및 제어
레벨 0	운전자가 모든 기능을 제어하고 책임을 짐
레벨 1	1개 이상의 운전제어 기능 탑재
레벨 2	2개 이상의 운전제어 기능 탑재
레벨 3	주차장이나 특정 조건에서 자동 운전 가능
레벨 4	완전 자율주행

벨2 기술은 이미 자동차에 적용돼 활발히 쓰이는 중입니다. 대표적으로 '지능형 정속주행 장치(Advanced Smart Cruise Control, ASCC)'를 꼽을 수 있습니다. 일반적으로 크루즈라 불리는 자동주행 기능으로, 앞차와 일정 거리를 설정해두면 기준에 맞춰 스스로 주행하는 기술입니다. 더 나아가 주행 중에 차선을 벗어나면 운전자에게 경고하고(Lane Departure Warning System, LDWS), 그런데도 조치가 없으면 자동 복귀 시스템이 차선을 유지하도록 방향을 바꿉니다(Lane Keeping Assist System, LKAS). 이밖에 앞차와 충돌 위험이 있다고 판단되면 자동으로 브레이크를 잡아주는 '자동 긴급 제동 장치(Autonomous Emergency Braking, AEB)'도 ADAS 기능 가운데 하나입니다.

물론 레벨3 수준의 기능도 주목받고 있습니다. 최근 출시되는 자동차에 많이 적용되고 있는 '주차 지원' 기능이 대표적입니다. 지금까지 '부분' 주차 지원 기능이 주로 적용됐지만, '부분'을 '완전'으로 바꾼 기술도 이미 개발돼 있습니다. 자동차의 주행을 스마트폰과 연동해 운전자가 주차된

차를 직접 불러올 수 있는 방식으로 나아갔습니다.

이처럼 ADAS에 기반을 둔 자율주행의 발전은 미래 완성차 경쟁의 핵심으로 꼽히기도 합니다. 실제 일본 야노경제연구소는 2018년이면 레벨3 기술이 실용화되면서 이를 적용한 자동차가 2020년 14만 대를 시작으로, 2025년 360만 대, 2030년에는 980만 대가량 판매될 것으로 전망했습니다. 그밖에도 레벨4 기술은 2030년 이후에 등장한 뒤 급속히 모든 차량에 확대될 것으로 내다봤습니다.

앞으로 10년 뒤 도로 위에선 모두의 상상을 벗어난 엄청난 변화가 일어나리라 확신합니다. 자동차회사들은 곧 다가올 로봇자동차 시대를 위해서 어떤 준비를 하고 있을까요? 폭스바겐, 닛산, 토요타의 사례를 통해 한번 알아보겠습니다.

▬▬▬▬ 로봇자동차를 실제 타보면……

2018년 6월, 독일에서 폭스바겐의 자율주행 전기차 세드릭(SEDRIC)을 타볼 기회가 있었습니다. 처음 경험해본 자율주행 전기 이동수단 세드릭은 미래의 탈것, 즉 모빌리티(Mobility) 사회의 판도를 확실히 바꿀 만한 가능성을 확인시켜주기에 충분했습니다. 세드릭은 운전에 필요한 운전대 스티어링 휠과 페달이 없답니다. 그래서 '셀프 드라이빙(Self-Driving)' 개념의 인공지능 이동수단으로 분류됩니다.

일반적으로 자율주행차는 스티어링 휠 및 페달 등이 달린 '오토노모

폭스바겐의 자율주행 전기차 세드릭

우스(Autonomous)' 형태와 세드릭이나 구글의 웨이모(WAYMO)처럼 속도와 방향 조작 기능이 전혀 없는 '셀프 드라이빙 카' 형태로 구분됩니다. 국내에선 두 가지 모두를 통칭해 '자율주행차'로 부르지만 두 형태의 차이는 미래 모빌리티 시장의 주도권 싸움으로 이어질 수 있기에 업계에서는 이를 매우 중요하게 구분해서 다루고 있습니다.

세드릭은 하나의 상자 같은 모양으로, 이 때문에 앞뒤 구분은 디자인의 차이로 파악해야 합니다. 앞쪽에는 전광판에 헤드램프 모양의 LED를 넣었고, 뒤쪽에는 일체형 범퍼를 적용해 진행 방향이 구분되도록 만들었습니다. 하지만 실내에 앉으면 구분이 쉽지 않습니다. 마치 기차 객실의 순방향과 역방향 같은 느낌을 줍니다. 물론 순방향 좌석에 앉으면 전방 상황과 함께 투명 모니터에 표시된 다양한 정보를 볼 수 있습니다.

버스처럼 넓직한 차의 앞 유리가 일종의 디스플레이 역할을 하는 셈입니다. 실제 주행 중에 투명 디스플레이에는 주행 경로가 표시됩니다. 현재는 초기 단계로 주행 경로만 표시되고 있지만, 머지않아 주행 중에 동영상 콘텐츠도 투명 모니터를 통해 볼 수 있을 것입니다.

세드릭의 시험 주행차는 4인승입니다. 두 명씩 서로 마주 보고 앉는 방식인데, 역방향 탑승자는 별도의 모니터 없이 후방 상황만 볼 수 있습니다. 설명에 나선 폭스바겐 그룹 관계자는 "역방향 상단에도 투명 모니터를 달아 차 안에서 네 명이 콘텐츠를 동시에 즐기도록 할 수 있다."고 설명했습니다. 시험 주행차인 만큼 현재는 해당 기능이 없지만, 앞으로 적용 여부는 얼마든지 검토할 수 있다는 뜻이겠지요.

스마트폰의 앱을 통해 차를 호출하면 지정 위치에 선 뒤 자동으로 문이 열립니다. 탑승 후 순방향 좌석에 앉은 사람이 좌우 좌석 사이에 있는 '고(GO)' 버튼을 누르면 문이 닫힌 뒤 주행을 시작합니다. 물론 탑승자는 전혀 할 일이 없습니다. 두 명 이하로 탑승할 경우에는 역방향 좌석을 접을 수 있습니다. 유럽 지하철 좌석에 흔히 사용되는 접이식 의자를 생각하면 됩니다. 세드릭은 현재 시속 30㎞ 이하 주행으로 설계돼 운행 중입니다. 이 속도에서 완벽한 자율주행을 완수한 후 시속 50㎞로 높일 계획이라고 합니다.

세드릭은 앱 호출 시에 탑승 목적지를 미리 설정하는 만큼 탑승자의 역할은 오직 이동 외에는 없습니다. 운전할 필요도 없고, 좌우를 살필 이유도 없습니다. 체험하는 동안 네 명이 함께 서로 마주 보고 앉아 설명을 듣는 게 전부였습니다. 그 사이 세드릭 스스로 정해진 경로를 따라 움직여 목적지에 도착했습니다. 하지만 내릴 때는 문이 자동으로 열리지 않았습니다. 세드릭 관계자는 "탑승자가 목적지에 도착했어도 전화를 하거나 내리는 데 준비할 시간이 필요한 상황을 고려해 내릴 때는 직접 열림 버튼을 눌러야 한다."고 설명했습니다.

짧은 시승이었지만 세드릭이 바꿀 미래의 모빌리티 사회가 명확해 보였습니다. 운전하지 않고 이동한다는 점 외에도 이동수단을 일종의 콘텐츠 제공 공간으로 활용하겠다는 의지가 엿보였습니다. 그렇게 활용하기 위해선 개인 맞춤형 콘텐츠 제공이 필수적인데, 필요한 정보는 세드릭 호출 과정에서 습득 후 적용될 수 있을 것입니다. 탑승자는 일정 비용만 지불하면 목적지까지 이동하면서 원하는 콘텐츠를 즐길 수 있습니다.

물론 상용화로 가기 위해선 넘어야 할 산도 적지 않습니다. 셀프 드라이빙 카 운행에 대한 사회적 합의도 필요하고, 기술의 완성도를 높이는 연구도 지속돼야 합니다.

인간의 뇌와 자동차가 연결된다면?

앞서 소개한 사례를 통해 자율주행차의 인공지능이 이미 놀라운 수준으로 발전한 것을 확인했습니다. 하지만 아직도 개선이 필요한 부분이 있습니다.

일반적으로 자율주행차는 스스로 합리적인 판단을 내릴 수 있도록 센서를 통해 얻은 정보를 인공지능 알고리즘에 따라 재빨리 분석해 활용합니다. 그런데 여전히 판단의 정확성과 속도가 걸림돌로 남아 있습니다. 이 가운데 속도는 하드웨어의 발전으로 얼마든지 단축할 수 있습니다. 하지만 정확성은 조금 다릅니다. 연결된 정보가 확실하지 않으면 오판의 가능성이 커지기 마련입니다. 특히 자동차처럼 움직이는 사물은 잘못된 판단이 가져올 위험성이 매우 크기에 더더욱 신중할 수밖에 없습니다.

 이런 가운데, 인간 운전자의 뇌파를 읽고 자동차가 스스로 한발 먼저 움직이는 기능을 구현한 프로젝트가 진행돼 업계의 많은 주목을 받았습니다. 2017 국제가전전시회에서 닛산이 선보인 'B2V(Brain to Vehicle)'가 그 주인공으로, 닛산의 별도 기술 팀인 '인텔리전트 모빌리티'가 개발했습니다. 운전자의 뇌에서 발생하는 뇌파를 자동차가 해석한 후 반응 시간을 줄이는 게 핵심 기술입니다. 예컨대, 운전자가 스티어링 휠을 왼쪽으로 돌리겠다고 생각하면 뇌파가 자동차로 전달돼 0.2~0.5초 정도 앞서 스티어링 휠이 왼쪽으로 회전하게 됩니다. 운전자가 속도를 줄이겠다고 생

닛산의 B2V 기술 시연 모습

각하면 그보다 빨리 브레이크를 작동시키고, 정지 상태에서 출발 의지를 가지면 가속 페달을 밟기 직전에 차가 먼저 움직이는 식입니다.

이처럼 닛산이 인간의 뇌파를 자동차와 연결하려는 이유는 바로 '인간' 때문입니다. 인간의 생각이 자동차에 투영될 수 있다면 자율주행의 치명적인 오류가 가져올 위험을 줄일 수 있다는 설명입니다. 예를 들어, 자율주행으로 움직이던 중에 장애물이 나타났을 때는 당연히 멈춰야 하지만 오류가 발생해 인식하지 못할 경우에는 인간 운전자가 수동으로 개입해야 합니다. 하지만 미처 반응할 시간이 없을 때 운전자가 멈춰야 한다는 생각만 해도 차가 멈출 수 있다면 위험을 방지할 수 있습니다. 결과적으로 멈춰야 한다는 판단은 인간이 내려야 하고, 뇌파를 통해 자동차에 지시한 것도 인간인 만큼 자율주행의 통제권이 인간에게 있다는 것을 뜻합니다. 다시 말해 자율주행에 대한 사람들의 믿음을 높이자는 차원에서 개발된 기술인 것입니다. 물론 긴급한 뇌파 명령이 내려지는 상황이 없도록 기본적으로 자율주행의 오류를 줄이려는 노력 또한 계속 진행 중입니다.

갈수록 자동차는 모든 사물과 연결되는 기술을 갖추게 됩니다. 이러한 기술 발전 속에서도 자동차가 움직일 때 최종 판단은 인간이 내려야 한다는 방향성이 점점 힘을 얻고 있습니다. 기술로 모든 것을 해결할 수 있으나 궁극적으로 사람이 중요하기에 사람을 보호하고, 사람의 판단으로 움직임을 책임지는 모빌리티 사회를 구현하자는 흐름으로 나아가고 있습니다. 이런 흐름 덕분에 생각만으로도 움직이는 자동차를 현실 세계에서 볼 날도 머지않은 것 같습니다. 뇌파와 연결되는 기술이 실용화되면 이후 과정은 얼마든지 빠르게 전개될 수 있을 것입니다. 생각만으로 움직이는 자동차가 어떤 세상을 만들게 될지 알 수 없지만, 이미 생각만으로도 기대되지 않나요?

자동차회사가 로봇을 만드는 이유

일본 나고야에는 토요타의 12개 생산거점 중 하나인 히로세 공장이 있습니다. 자동차에 장착되는 전자제어 및 전장 부품 연구개발과 생산을 담당하는 핵심 공장으로, 1989년 3월 가동을 시작한 이래 현재 1,600명이 이곳에서 근무합니다.

그러나 사실 이곳은 토요타의 차세대 먹거리를 찾아내는 연구소에 가깝습니다. 이른바 토요타가 차세대 핵심 성장 동력으로 삼는 미래 이동수단은 물론 자동차와 관련된 로봇을 연구하는 곳이기 때문입니다. 실제 공장에 들어서면 로봇이 명령에 따라 바이올린을 직접 연주하며 방문객을 맞이합니다. 2013년 11월에 이곳을 방문했을 때, 현지에서 공장 소개를 맡은 아키후미 다마오키 중역은 "토요타의 글로벌 비전은 미래 이동사회를 리드하는 것"이라면서, "자동차에 적용되는 각종 전장 기술*을 로봇에 이식하는 곳이 바로 히로세 공장"이라고 설명했습니다.

토요타가 이처럼 미래 이동수단 및 로봇에 집중하는 이유는 인류의 지속성과 무관하지 않습니다. 인구 고령화에 따른 이동의 불편함, 경제활동 증가에 따른 가사

* 전장 기술 인간의 두뇌에 해당하는 ECU(Electronic Control Unit) 같은 전자장치를 자동차에 내장시켜서 자동차의 기능을 첨단화하고 효율적으로 만드는 기술.

도우미의 필요성 등을 고려할 때 로봇이야말로 최적의 대안이라고 판단했기 때문입니다. 로봇을 비롯한 차세대 이동수단은 자동차가 사라지는 시대를 대비하는 게 목적인 셈입니다.

히로세 공장에서 토요타가 선보인 로봇 기술은 크게 네 가지입니다. 먼저, 다리가 불편한 사람의 걸음을 돕는 '독립 보행 보조 로봇(Independent Walk Assist, IWA)'은, 로봇이 다리 근육 역할을 대신해 보행의 불편함을 없애줍니다. 당시 이 로봇은 환자들을 대상으로 실험을 진행 중이었는데, 2020년 이내에 제품 상용화에 나설 계획이라고 합니다.

두 번째는 가정에서 도움을 주는 '인간 지원 로봇(Human Support Robot, HSR)'입니다. 나름의 지능을 가지고 있어 물건을 스스로 구분할 수 있는 이 로봇은, 몸이 불편한 노약자나 환자 간호에 유용하게 쓰일 수 있도록 개발 중이라고 합니다. 궁극적으로 사람의 생각을 파악하고 이를 행동하는 로봇으로 진화시킨다는 계획을 갖고 있습니다. 실제 현장 시연에선 로봇이 바닥에 떨어진 여러 쓰레기를 형태를 구분해서 줍는 방식을 보여줬습니다. 플라스틱 통은 손에 해당하는 집게로 잡고, 종이는 공기를 흡입해 들어 올렸습니다. 인간은 치우라는 명령만 내렸을 뿐 개별 쓰레기에 관한 판단은 로봇이 내린 셈입니다.

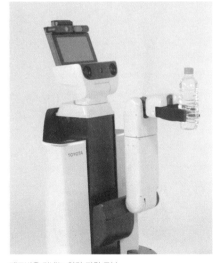

페트병을 건네는 인간 지원 로봇

이 같은 해당 로봇에 적용된 바이오과학 기술의 일부는 자율주행차에 동시 활용할 수 있는 만큼 완성도를 높이기 위해 주력 중이라고 합니다.

세 번째는 로봇에 활용되는 관절 기술의 집합체인 '토크 서보(Torque Servo)'입니다. 로봇이 반응하는 사람의 힘과 움직임을 파악해 스스로 회전력, 즉 토크를 조절합니다. 설명을 맡은 토요타 관계자는 "사람의 팔이 움직이는 근육을 섬세하게 분석해 거의 똑같이 움직이도록 만들었다."며 "활용 분야는 무궁무진하다."고 언급했습니다.

마지막은 도쿄모터쇼에도 전시된 차세대 이동수단 '윙글렛(Winglet)'입니다. 무게 중심에 따라 움직임을 제어할 수 있는 실내외 이동수단으로, 미국에서 처음 선보였던 세그웨이(Segway)*와 비슷합니다. 이와 관련해 다마오키 중역은 "윙글렛은 판매를 목적으로 개발됐다."며 "일본 내 관련 법규가 없어 당장 시판은 어렵지만 제도가 완비되면 일본 내에서 판매할 수 있다."고 설명했습니다. 현재 윙글렛과 같은 차세대 이동수단은 일본에서 이륜차로 분류됩니다. 그러나 최고 시속이 6㎞에 불과해 이륜차와 같은 안전 기준을 맞추기는 쉽지 않습니다.

이처럼 토요타의 로봇 개발은 일종의 기

* 세그웨이 2001년 미국의 발명가 딘 카멘이 개발한 1인용 탈것으로, 균형 매커니즘을 이용해 탑승자가 몸을 앞뒤로 기울이는 방식으로 이동과 방향전환, 정지가 가능하다.

차세대 이동수단 윙글렛

술 축적 측면에서 운용되고 있습니다. 다마오키 중역은 "토요타는 분명 자동차 제조로 시작한 회사인 만큼 로봇 개발의 중심도 결국 자동차에 있다."면서 "하지만 로봇을 통한 사업 확장 계획도 분명하다."고 말했습니다. 또한 "자동차의 지능화는 결국 자동차의 로봇화를 의미한다."며 "자동차회사가 로봇을 만드는 것이 결코 낯선 일은 아니다."라고 덧붙였습니다.

모든 설명을 마치고 마지막으로 그가 언급했던 "자동차의 궁극적인 미래는 자율주행이고, 이를 위해선 로봇 기술이 반드시 필요하다."는 말이 지금까지 귀에 맴돕니다. 단순히 자동차의 미래만이 아니라 이른바 '탈것(Mobility)'을 대비하는 장기적 관점의 미래전략이 확연히 다가왔기 때문입니다.

지금까지 폭스바겐과 닛산, 토요타의 사례를 통해 자동차회사들이 미래의 자율주행차를 위해 어떤 준비를 하고 있는지 살펴봤습니다. 이를 통해 여러 방식의 자율주행차들뿐만 아니라 다양한 형태의 '탈것'이 자율주행으로 도로 위를 달리는 모습을 머지않은 미래의 상상화로 그려볼 수 있었을 것입니다. 로봇자동차 시대가 펼쳐지면서 이제 자동차 산업은 단순히 자동차 제조 기술뿐만 아니라 IT 기술과도 밀접한 연관을 짓게 되었습니다. 마지막으로 자동차와 IT, 두 산업 분야가 어떻게 연결되는지 정리해보겠습니다.

IT와 손잡은 자동차는 얼마나 똑똑해질까?

자동차가 똑똑해진다는 것은 자동차가 스스로 판단이 가능한 시스템을 구축함을 의미합니다. 대표적인 예로, 닛산의 피보(PIVO)2 콘셉트카가 있습니다. 콘셉트카는 새로운 기술을 개발 중인 자동차 모델을 샘플로 만들어 보여주는 차입니다. 피보2는 운전자와 대화할 수 있는 로봇 에이전트가 얼굴 인지 기술을 사용해 운전자의 기분을 파악하고, 상황에 따라 격려하거나 위로까지 합니다. 이외에도 운전에 필요한 각종 정보를 스스로 판단해 제공합니다. 요컨대, 운전자의 역할을 줄여주고 자동차가 이를 대신하는 셈입니다. 이렇게 자동차 스스로 정확

닛산의 콘셉트카 피보2

한 판단이 가능하도록 외부 정보를 최대한 많이 연결하고, 카메라 및 센서를 늘려 정보의 정확성을 높일수록 자율주행차 시대도 앞당겨집니다. 자율주행차 시장에 기존의 자동차회사는 물론 IT나 전자회사가 빠르게 뛰어드는 것도 결국 이런 정보 집약 기술 때문입니다.

하지만 자율주행차를 바라보는 시각은 기업마다 조금씩 다릅니다. 구글, 애플 등 IT기업은 자율주행의 핵심인 '지능'을 지배하려는 반면, 완성차 업계는 이들과 협업하면서도 새로운 도전자의 등장을 꺼립니다. 물론 이미 협업을 통해 동반 성장을 지향하는 사례도 적지 않습니다. 대표적인 예로 포드의 하드웨어(자동차)에 구글의 다양한 소프트웨어(지능)를 접목하는 경우를 꼽을 수 있습니다.

이 같은 업계의 특성 때문에 주목해야 하는 것이 바로 산업 분야의 융합입니다. 자동차와 IT가 접목되면서 두 산업의 밀접도는 급격히 높아지고 있습니다. 예를 들어, 지금까지 휴대전화를 만들었던 기업이라면 휴대전화에 지능을 심어 자동차에 부품처럼 넣으면 또 하나의 단말기 시장이 생기게 됩니다. 더불어 휴대전화가 다양한 정보를 모아주는 커넥터 역할이라면 반드시 통신이 필요하게 되는데, 이때 통신사 입장에서는 모든 자동차가 단말기로 보일 수밖에 없을 것입니다.

실제 이런 작업은 이미 시작됐습니다. 자동차 인포테인먼트 모니터에 스마트폰을 연결해 모니터를 통해 스마트폰 앱을 모두 이용할 수 있는 미러링 서비스가 제공되고 있으며, IT기업의 지도 서비스를 자동차에서 손쉽게 활용할 수도 있습니다. 요즘 화두처럼 떠오르는 '자율주행'이 어느덧 생활 속에 조용히 자리를 잡고 있다는 얘기입니다. 다시 말하면, 자율주행이 앞으로 다가올 미래의 어느 시점에 완성될 것처럼 소란스럽지만 이미 자율주행 개념은 오래전에 등장했고, 지금도 진행형이고, 앞으로도 계속 발전할 것이라는 뜻입니다. 인간의 순간 판단력에 버금가는 지능 개발 노력이 끊이지 않기 때문에 비약적으로 발전해가리라 예상할 수 있습니다.

여기서 놓치지 말아야 점은 변화의 속도입니다. 자율주행으로 전환되는 속도가 가속화되고 있는데, 지금 추세라면 2030년엔 자율주행차뿐만 아니라 모든 기계가 '자율'로 움직일 수 있는 세상이 올 수도 있습니다. 이런 까닭에 자율주행의 끝은 기계가 인간을 지배하는 세상이라고 말하는 미래학자도 적지 않습니다. 자동차 또한 스스로 방대한 주행 데이터를 스스로 분석해 활용하는 '머신 러닝'이 시작됐으니 말입니다.

그러나 자율주행차 상용화 이전에 꼭 해결해야 할 과제로 사회적 제도가 남아 있습니다. 예컨대, 사람이 탑승하지 않은 인공지능 자동차가 스스로 운전 명령을 수행하다 사고가 나면 책임이 누구에게 있는지를 밝히는 것이 전제돼야 합니다. 해당 제품을 구입한 사람은 운전 명령만 내렸을 뿐 직접 운전하지 않았기에 책임에서 한발 벗어나 있고, 제품을 판매한 제조사는 정부의 규정에 따라 자율주행차 판매를 했다는 점에서 역시 책임에서 비켜서 있습니다. 이런 가운데 '제조사 책임'이 높아지면 자율주행차의 현실적인 등장 자체가 쉽지 않게 됩니다. 서로 책임에서 최대한 벗어나려는 본능(?) 때문이겠죠.

그럼에도 기술은 빠르게 진보하고 있습니다. 새롭게 자동차 시장에 참여하려는 IT 및 전자회사는 설계가 간단한 전기차에 지능을 넣으려는 움직임으로 분주합니다. 반면 140년 전통의 내연기관 자동차회사는 IT 및 전자회사를 기술 파트너로 묶어두고자 합니다. 그 사이 우버(Uber)*와 같은 공유경제 기업도 자율주행 시장에 발을 내디뎠습니다. 그만큼 미래의 성장 잠재력이 크기 때문입니다. 자율주행차는 선택받은 자의 전유물이 아닙니다. 이제 누구나 참여 가능한 시장으로 변모하는 중입니다.

> * 우버 스마트폰 앱으로 승객과 차량을 이어주는 서비스. 2009년 미국의 트레비스 캘러닉이 창업한 이래 2018년 기준 600개 도시에서 사용되고 있다. 우버의 기업 가치는 약 75조원에 이른다.

──────── 미래의 자동차는 과연 어떤 모습일까?

자동차가 똑똑해진다는 것은 홀로 결정되는 것이 아닙니다. 기계인 만큼 여러 조건이 충족돼야 합니다. 통신의 속도가 빨라야 하며, 외부 정보의 정확성도 중요합니다. 물론 자동차 자체에 탑재된 기계들의 감지 능력도 뛰어나야 합니다. 그리고 이런 모든 정보를 취합해 종합적으로 판단하고, 어떤 행동을 취할지 스스로 결정하는 과정도 완벽해야 합니다. 그렇기에 영화에 등장하는 친구 같은 로봇자동차의 개발은 아직 쉽지 않습니다. 하지만 지금과 같은 기술 발전 속도라면 얼마든지 구현은 가능합니다.

하지만 이 또한 어디까지나 인간의 몫입니다. 로봇자동차도 결국은 인간의 삶을 도와주는 동시에 인간의 수고로움을 덜어주는 일을 하기 때문입니다.

권용주

자동차 전문지 《오토타임즈》 편집장. 홍익대학교에서 문학을 전공하고, KAIST 문술미래전략대학원 과학저널리즘에서 공학 석사를 받았다. MBC 라디오 〈손에 잡히는 경제〉, KBS 라디오 〈시사본부〉 등 많은 프로그램의 자동차 전문 패널로 활동 중이며, 국민대학교 자동차운송디자인 겸임교수를 맡고 있다. YTN 라디오 〈권용주의 카 좋다〉 MC를 맡았다. 20년 이상의 자동차 전문기자 경험을 통해 얻은 미래 자동차의 주도권 싸움을 흥미롭게 풀어낸 『자동차의 미래권력』을 썼고, 《한국경제신문》과 월간 《모터트렌드》 등 다양한 미디어에 자동차 칼럼을 활발히 연재하고 있다.

05
스마트교통으로
여는 미래

한대희

기술이 발달하면서 새로운 교통수단들이 세상에 등장하고 있습니다. 자가용 승용차는 많은 시간을 주차장에 세워두는 교통수단입니다. 차량의 크기는 4~5인승이 대부분입니다. 그러나 승용차 탑승 인원은 보통 운전자 한 명인 경우가 대부분입니다. 매우 비효율적이죠? 만일 한두 명만 탈 수 있는 작은 규모의 자가용 승용차가 있다면 도로 공간도 덜 차지하고 주차면적도 적어지므로 주차장이 부족한 도시교통에 큰 도움이 될 것입니다.

스마트교통이 왜 필요할까?

'교통(Transportation)'은 사람과 화물의 '이동'을 의미합니다. 우리는 아침에 집을 나선 후 다시 귀가할 때까지 많은 장소를 이동합니다. 이렇게 우리 삶의 상당 부분을 '교통'이 차지합니다. 그래서 '교통'은 중요합니다.

『도시의 승리(Triumph of the City)』 저자 하버드대학교의 에드워드 글레이저(Edward Glaeser) 교수는 "도시는 인류의 가장 위대한 발명품이다. 이유는 비싼 토지 이용료보다 도시에 모여 있는 인접성의 이득이 더 크기 때문이다."라고 했습니다. 그러면서 "도시의 장점을 없애는 두 가지 요소는 전염병과 도로의 혼잡"이라고 설명했습니다. 이는 교통의 중요성을 설명한 예입니다.

교통의 특징은 도로 혼잡뿐만 아니라 대기 오염물질 배출, 교통사고와 같은 사회적 비용을 유발합니다. 그래서 이동이라는 목적을 달성하는 데 사회적 비용이 최소화된 사회가 경쟁력 있는 사회입니다. 이에 합리적이고 똑똑한 방법으로 교통에서 유발된 사회적 비용을 줄이고 문제를 해결하고자 하는 것이 '스마트교통'입니다. 작은 범위의 정의로는 정보통신 기술(Information Communication Technology, ICT)을 활용한 교통시스템을 의미합니다. 보통은 작은 범위의 정의를 스마트교통이라 부릅니다. 큰 범위의 정의는 ICT뿐만 아니라 법규, 물리적 시설물 등 교통체계의 안전을 높이고 환경오염이나 사회적 비용을 낮추는 모든 방법이 여기에 해당됩니다.

우리가 앞으로 발전해나가려면 과거부터 현재까지의 성과와 한계를 명확히 아는 것이 중요합니다. 그래서 현재까지 대한민국의 교통 분야 성과를 잠시 살펴보겠습니다.

국가의 대동맥 고속도로

고속도로는 국가의 전 지역을 연결하는 국가 대동맥입니다. 우리나라 고속도로 역사는 불과 50년밖에 되지 않았습니다. 서울과 부산을 연결하는 경부고속도로를 다들 한번쯤 이용해봤을 텐데요. 우리나라 경제발전에 크게 이바지한 416㎞의 경부고속도로는 1968년에 착공해 2년만인 1970년에 개통했습니다. 이 고속도로는 한일기본조약에서 얻은 차관과

1970년 7월 7일 개통된 경부고속도로

미국에서 베트남 전쟁 파병의 대가로 받은 자금으로 건설했습니다. 본격적인 고속도로 건설은 이렇게 시작됐지만 불과 약 50년 후인 2017년 기준으로 4,717㎞의 고속도로가 전국을 사통팔달 연결하고 있습니다.

KTX로 전국 반나절 생활권을 만든 철도

우리나라 철도 역사는 고속도로보다 일찍 시작됩니다. 인천 제물포와 서울 노량진을 연결하는 경인선 일부 구간이 1899년에 개통됐습니다. 1904년에 러-일 전쟁이 일어나자 일본은 전쟁 물자를 실어 나르기 위한 남북 종단 철도가 필요해 경부선(서울-부산)을 1905년에 개통하고 경의선(서울-신의주)을 1908년에 개통해 경부선과 연결했습니다.

우리나라 근대사의 암울했던 시기에 시작된 철도 건설은 KTX로 새로운 도약을 거칩니다. 2004년 1월, 경부 KTX 1단계 개통을 시작으로 2011년에는 서울과 부산을 2시간 1분에 연결하는 고속철도가 완성됩니다. 우리나라는 2004년 기준으로 일본 신칸센(1964), 프랑스 TGV(1981), 독일 ICE(1991), 스페인 AVE(1992)에 이어 세계에서 다섯 번째로 고속철도를 운영하는 나라가 되었습니다.

전 세계로 연결되는 항공

인천국제공항은 인천광역시에 위치한 국제선 전용 공항으로 우리나라에서 가장 큰 규모를 자랑합니다. 인천국제공항 설립 전에 그 역할을 대신하던 김포국제공항은 서울의 인구 밀집 지역에 위치하고 있어 24시간 운영할 수 없었고 활주로를 확장할 수도 없었습니다. 증가하는 국제선

수요 처리를 위한 기능 개선이 어려웠던 탓에 대안으로 1992년부터 영종도와 용유도 사이의 간석지를 매립하는 방식으로 부지를 조성해 여기에 공항을 건설했습니다.

2029년까지 총 5단계로 건설할 계획인데 현재는 3단계가 완성된 상태입니다. 2001년에 개통한 이후 2018년 기준, 86개의 항공사가 취항하고 187개 도시와 연결된 세계의 허브 공항입니다. 인천공항은 세계 공항 서비스 평가에서 2005년부터 2016년까지 12년 연속 1위를 차지할 만큼 동북아 지역의 핵심 공항으로 꼽히고 있습니다.

남북철도 연결로 새로운 꿈을 꾸는 항구

부산항은 부산광역시에 위치한 우리나라 최대의 무역항입니다. 강화도조약에 의해 1876년에 부산포라는 이름으로 개항했습니다. 2014년 기준 1,867만 TEU*를 처리, 컨테이너 항만 물동량으로 세계 5위에 꼽히는 무역항입니다. 부산항은 남북철도가 연결되면 경쟁력이 더 높아질 것으로 예상합니다. 아메리카 대륙에서 싣고 온 컨테이너를 부산항에서 철도로 옮겨 싣고 북한을 통과하여 시베리아 횡단철도 TSR을 통해 유럽으로 이동하면 대형 선박으로 직접 이동할 때보다 많은 시간과 비용이 절감되기 때문입니다.

* TEU Twenty-foot Equivalent Unit의 약자인 TEU는 20ft(약 6,096m) 길이의 표준 컨테이너 크기를 기준으로 만든 단위로, 컨테이너선이나 컨테이너 부두 등에서 주로 사용된다. 배나 기차, 트럭 등의 운송 수단 간 용량을 표준 컨테이너 크기와 비교할 때 용이하다.

이렇듯 우리나라의 교통 인프라는 세계적으로 우수합니다. 그렇다면 '안전'도 과연 그럴까요?

다들 '메르스(MERS)'라는 질병 기억하실 겁니다. 2015년 5월에 시작돼 그해 모든 국민을 공포에 떨게 한 무서운 질병이었습니다. 2015년 12월 23일 자정을 기해 공식적으로 종식됐는데, 그전까지 메르스에 총 186명이 감염되었으며 38명이 사망했습니다. 이 당시 우리나라 전역이 비상 상황이었습니다.

질문 하나 해볼까요? 매년 우리나라 국민 약 5,000명 정도를 사망에 이르게 하는 질병이 있다면 어떻게 대처해야 할까요? 쉽게 생각하면, 메르스의 한 해 사망자 수의 열 배가 넘기에 열 배 이상의 노력을 기울여 대처해야겠죠. 대체 그 병이 어떤 걸까요? 바로 교통사고입니다.

과거보다 많이 줄었음에도 불구하고 2017년도 기준으로 4,815명이 교통사고로 사망했습니다. 주로 선진국으로 구성된 OECD(경제협력개발기구) 회원인 우리나라는 가입국 35개 국가 가운데 교통사고가 가장 많이 발생하는 나라입니다. 그래서 우리나라가 선진국이 되려면 우선 교통안전 분야가 선진화되어야 한다는 말이 나오게 되었습니다.

대중교통이 편리하면 자가용이 사라질까?

도로에 나가보면 지나가는 자동차들이 참 많죠? 우리나라의 자동차 등록 대수는 2017년 기준 21,803,000대로, 인구 1,000명당 425대를 보유하고 있습니다. 인구 1,000명당 보유 수로 따지면 세계 37위에 해당하는 순위입니다. 이 기준으로 1위 미국 837대, 10위 이탈리아 705대,

20위 일본 597대, 21위 독일 596대, 23위 프랑스 585대 순입니다. 경제적으로 선진국들이 높은 순위를 차지하고 있으니 우리나라도 경제가 더욱 발전하면 자동차 보유 수가 늘어날 것이라고 예상할 수 있습니다.

'승용차 파라독스(Paradox, 역설)'라는 것이 있습니다. 승용차는 개인에게 가장 편리하고 효율적인 교통수단입니다. 그런데 개인들이 승용차를 많이 사용하면 할수록 비효율적인 도시가 됩니다. 아래 사진처럼 도로의 공간을 많이 차지하고 혼잡을 발생시키기 때문입니다. 또한 에너지를 많이 사용하는 만큼 대기를 오염시키는 온실가스를 많이 배출하게 됩니다.

그래서 많은 사람이 모여 사는 도시에서는 대중교통이 잘 발달돼 있어야 합니다. 대중교통을 이용하기 위해선 어느 정도 거리를 걸어야 하고, 필요하면 자전거도 타게 되므로 사람들도 건강해지고 승용차를 많이 이용할 때보다 훨씬 쾌적한 도시가 되겠죠?

시내버스·자전거·승용차의 도로 점유율 비교

독일 베를린 트램

　위의 사진은 독일 베를린에서 이용되는 트램(Tram)이라는 교통수단입니다. 유모차가 안전하게 하차하는 모습이 보이시죠? 유모차를 끄는 부모가 어디든지 안전하고 편리하게 이동할 수 있는 정도면 최고 수준의 대중교통 서비스일 것입니다.

누구나 빌려 쓰는 공유자동차

　자가용은 이동을 편리하게 해주는 교통수단이지만 구입하고 사용하려면 많은 비용을 지불해야 합니다. 그런데 대중교통이 발달하면 일상생활에서 굳이 자가용이 없더라도 어디든 이동할 수 있습니다.

　중세시대 건축물이 많이 남아 있는 유럽 도시들은 개발할 토지가 없기에 도시 안에 주차장을 짓기가 어렵습니다. 이 때문에 자동차를 보유

하려면 주차장 확보를 위해 많은 돈을 지불해야 합니다. 그래서 자가용이 없어도 편리하게 이동할 수 있도록 대중교통과 연계 교통수단에 많은 투자를 하게 된 것입니다.

대중교통이 편리해서 평소에는 불편 없이 지낼 수 있더라도 개인 자동차가 꼭 필요할 때가 있습니다. 가족 여행을 한다거나 많은 물품을 구매해야 하는 경우 등 개인 자동차를 사용해야 할 이유가 몇 가지 있습니다. 그러나 일 년에 몇 번 사용하는 것 때문에 자동차를 보유한다는 것은 비효율적인 일입니다. 자동차 구입 비용 외에도 세금도 내고 보험도 가입해야 하니까요. 그래서 이런 비용 부담에서 벗어날 수 있는 '자동차 공유' 서비스가 탄생했습니다.

프랑스 자동차 공유서비스 오토리브

대중교통이 발달했지만 개인별 자동차 소유가 쉽지 않은 파리에서는 '오토리브(Autolib)'라는 자동차 공유서비스가 활성화돼 있습니다. 스마트폰 앱으로 가장 가까이 있는 스테이션 위치를 찾아서 이용하면 됩니다. 비용도 비싸지 않으므로 자가용이 필요할 때 가끔 이용하면 편리하겠죠? 이렇게 자동차에 대한 사람들의 가치관도 점점 변하게 됩니다. '소유'에서 '공유'로.

———— 두 바퀴로 자유를 누리는 공유자전거

요즘 국내 대도시 도로 곳곳에 무인대여 자전거가 비치된 것을 볼 수 있습니다. 서울 따릉이, 대전 타슈 등이 대표적인 공유자전거의 이름입니다. 무인대여 시스템을 통해 스마트폰이나 교통카드 등을 이용해 대여합니다. 사용 후에는 가장 가까운 스테이션으로 반납하면 됩니다.

우리나라의 공유자전거는 도입 초기에 파리의 벨리브를 벤치마킹해 운영했습니다. 벨리브(Velib)는 프랑스어로 자전거를 뜻하는 벨로(velo)와 자유를 뜻하는 리베르테(Liberté)의 합성어입니다. 2007년 7월 15일부터 서비스를 시작한 벨리브는 파리 시민의 일상생활이나 파리를 방문한 관광객 이동에 큰 도움이 되었기 때문에 금세 사랑받는 서비스가 되었습니다.

최근에는 거치대 없는 방식의 공유자전거가 민간에서 공급되고 있습니다. 거치대가 없으므로 스마트폰 앱으로 가장 가까운 자전거의 위치를 찾아 이용한 뒤 반납할 때도 도로 아무 곳에나 세워두면 됩니다. 거치대

거치대가 있는 방식의 공유자전거 벨리브(왼쪽)와 없는 방식의 공유자전거 오포(오른쪽)

가 있는 방식보다 훨씬 편리해 세계 여러 나라에서 시행되고 있습니다. 우리나라에서는 수원시에서 이 같은 서비스를 시작했습니다. 거치대 없는 공공자전거는 반납이 편리하다는 장점이 있지만 이 장점은 이용자가 잘못 이용하게 되면 단점이 됩니다. 아무 곳에나 세워둔 자전거가 보행자 통행에 방해되어 불편을 끼칠 수 있습니다.

국내 또는 해외로 여행을 나섰을 때 자전거로 도시 전체를 한번 둘러보는 건 어떨까요? 자동차로 이동할 때는 발견할 수 없는 도시의 아름다움이 보일 것입니다.

공해 배출 없는 전기자동차

전기자동차는 휴대폰처럼 자동차 내부에 있는 배터리를 충전해 운행하는 자동차를 의미합니다. 사실 전기자동차는 내연기관 자동차보다 먼저 고안됐습니다. 하지만 내연기관 자동차와의 경쟁에서 밀려 시장에서 사라졌다가 최근 다시 관심을 받고 있습니다. 앞으로 전기자동차가 과거처럼 내연기관 자동차에게 잠식되지 않고 살아남을 방법은 과거 역사를 돌아보면 알 수 있을 것입니다.

1830년부터 1840년 사이에 영국 스코틀랜드의 사업가 로버트 앤더슨(Robert Anderson)이 전기자동차의 시초라고 할 수 있는 세계 최초의 원유전기마차를 발명했습니다. 1900년경에는 휘발유자동차, 증기자동차 등 다른 방식의 자동차보다 더 많이 팔렸습니다. 기본 전기자동차의 가격은 1,000달러 이하이였으나 내외장재를 값비싼 재료로 화려하게 꾸민 3,000달러가 넘는 제품들이 출시돼 상류층들이 주로 구매했습니다.

그러다 1920년대에 미국 텍사스에서 원유가 대량으로 발견돼 휘발유 가격이 급락하고, 자동차회사 포드의 혁신 기술로 인해 휘발유자동차의 가격 또한 500~1,000달러 정도로 많이 떨어졌습니다. 전기자동차가 평균 1,750달러에 팔릴 때 휘발유자동차는 평균 650달러에 팔렸습니다. 약 2.7배의 가격 차이가 난다면 대부분 어떤 차를 선택할까요? 높은 가격을 지불할 만큼의 만족도가 없다면 당연히 저렴한 차를 선택할 것입니다. 그렇게 1930년대 들어서서 전기자동차는 비싼 가격, 무거운 배터리 중량, 충전 소요시간 등의 문제 때문에 자동차 시장에서 사라지게 됩니다.

1990년대에 들어서자 내연기관 자동차에 의한 '환경문제'가 대두되고, 2000년대는 고유가와 배기가스 규제 강화 등으로 전기자동차가 다시 활약할 수 있는 환경이 조성됐습니다. 여기에 과거 전기자동차의 최대 단

전기자동차 테슬라 모델S

점이었던 충전의 불편함과 짧은 주행거리 문제를 혁신적으로 개선한 '테슬라 모델S'가 출현하면서 전기자동차가 다시금 세상의 주목을 받고 있습니다.

전기자동차는 충전이 매우 중요합니다. 천천히 충전하는 완속 방식은 전 세계적으로 하나의 표준이 있지만 급속 충전 방식은 DC 차데모, DC 콤보, AC 3상 방식 등 다양한 규격이 있습니다. 최근에는 별도의 충전기 없이 자동차가 주차해 있거나 주행할 때 도로 바닥에서 충전이 되는 무선 충전 방식이 활발히 연구되고 있습니다.

이동의 자유를 가져올 자율주행차

"가자! 키트!"

〈전격 Z작전〉이라는 이름으로 한국에서 1985년부터 1987년까지 방영된 미국 드라마에서 주인공이 출동할 때 자동차에게 하는 말입니다. 사람과 대화가 가능한 인공지능 컴퓨터, 자율주행 기능을 갖춘 드라마 속 자동차 이름이 키트(KITT)입니다. 키트는 '미래형 자동차 이미지 형성에 많은 영향을 끼쳤고 이후 관련 기술 개발에도 영향을 주었다.'는 평가를 받고 있습니다.

자율주행의 개념은 1960년대 독일의 벤츠를 중심으로 제안됐습니다. 이후 1990년대에 들어 컴퓨터 기술이 발전하며 본격적으로 연구되기 시작했습니다. 현재는 IT기업 구글의 자율주행차가 기술이 가장 앞서 있다는 평가를 받고 있습니다. 특이한 점은 구글은 인간에 의한 교통사고를 줄이기 위해 자율주행차를 개발한다는 것입니다. 운전자 부주의에 의한 교통사고가 전체 교통사고의 95%가량을 차지한다는 점에 착안한 것입니다.

구글의 자율주행차 웨이모

자율주행차는 여러 장점을 갖고 있습니다. 특히 운전자에 의한 잘못된 운전이나 교통사고를 줄일 수 있습니다. 장님이나 노약자도 자율주행차로 이동할 수 있기 때문에 인류의 이동권이 전반적으로 상향될 수 있습니다.

더불어 몇 가지 논란도 있습니다. 첫째는 최근에 자율주행차에 의한 교통사고가 잇달아 발생하면서 "정말 안전한가?"라는 질문이 제기되고 있습니다.

둘째, 윤리적 문제가 해결되어야 합니다. 혹시 '트롤리 딜레마'라고 들어보셨나요? 예를 들어, 자동차가 사고를 피할 수 없는 상황에 마주쳤습니다. 만일 정지하지 않고 직진한다면 무단 횡단 중인 다섯 명의 보행자를 치는 사고가 발생하고, 핸들을 돌린다면 차에 탄 운전자 한 명만 사망하는 사고가 발생한다고 했을 때, 자율주행차 컴퓨터에 어떤 명령을 프로그래밍해야 될까요? 여러분이라면 이런 상황이 미리 프로그램된 차를 구매할 생각이 있나요? 신의 영역인 삶과 죽음에 대해 인간의 판단이 개입해야 되기 때문에 매우 어려운 문제입니다.

셋째, 택시나 버스 기사 등 대중교통 관련 종사자의 일자리가 줄어든다는 우려가 있습니다.

끝으로, 해킹에 의한 테러 우려가 있습니다. 자동차를 해킹해서 고의로 사고를 낼 수 있기 때문입니다.

작아서 더 편리한 초소형 자동차

기술이 발달하면서 새로운 교통수단들이 세상에 등장하고 있습니다. 자가용 승용차는 많은 시간을 주차장에 세워두는 교통수단입니다. 차량의 크기는 4~5인승이 대부분입니다. 그러나 승용차 탑승 인원은 보통 운전자 한 명인 경우가 대부분입니다. 매우 비효율적이죠? 만일 한두 명만 탈 수 있는 작은 규모의 자가용 승용차가 있다면 도로 공간도 덜 차지하고 주차면적도 적어지므로 주차장이 부족한 도시교통에 큰 도움이 될 것입니다.

토요타의 아이로드(i-Road)나 르노의 트위지(TWIZY) 등이 대표적인 초소형 자동차입니다. 아이로드는 2013년 제네바 모터쇼에서 처음 소개됐습니다. 출력 2.7마력의 전기자동차로, 1회 충전으로 50km를 주행할 수 있고 최고 속도는 시속 45km입니다. 트위지는 2012년 생산된 전기자동차로, 1회 충전으로 50~100km 정도 주행할 수 있습니다.

초소형 자동차 아이로드(왼쪽)와 트위지(오른쪽)

━━━━ 자동차를 타고 하늘을 날자

　　하늘을 나는 자동차 플라잉카(Flying Car)는 필자가 어릴 적 공상과학 영화에서나 보던 꿈의 교통수단입니다. 그러나 이제는 현실에서 플라잉카를 만날 수 있습니다.

　　네덜란드 기업 팔브이(PAL-V)에서 개발한 세계 최초의 플라잉카 '리버티(Liberty)'가 2018년 제네바모터쇼를 통해 모습을 드러냈습니다. 바퀴가 세 개 달린 소형차 크기로, 비행을 할 때는 프로펠러를 펴서 헬리콥터처럼 하늘을 날 수 있습니다. 도로 주행 모드일 때는 약 160km/h의 최고 속도를 낼 수 있으며, 비행 모드에서는 최대 180km/h의 속도로 주행할 수 있습니다. 현재 일반인에게 예약 판매를 시작했으며, 2019년에 고객에

하늘을 나는 플라잉카 리버티

게 인도될 예정이라고 합니다.

팔브이와 함께 슬로바키아 기업 에어로모빌(AeroMobil)이 공동 개발한 플라잉카 '에어로모빌'도 2020년에 출고를 앞두고 있습니다. 이 제품은 한 번 급유로 하늘에서 약 750㎞ 정도를 날 수 있다고 합니다. 이밖에도 미국의 항공기 벤처기업 테라푸지아(Terrafugia)는 2009년부터 2인승 플라잉카 '더트랜지션(The transition)' 개발에 돌입해 2020년 출시를 목표로 하고 있습니다. 모빌리티 서비스 기업 우버는 비행택시 '엘리베이트(Elevate)'를 10년 내 상용화한다는 목표를 세우고 있습니다.

미래의 탈것을 꿈꿔보세요

자동차가 바뀌고 교통수단이 바뀌면 세상이 변합니다. 이용자 관점에서는 새로운 서비스를 경험할 수 있고 편리성이 좋아집니다. 생산자 입장에서는 새로운 비즈니스 기회와 성장 동력이 됩니다. 기업에 일거리가 생기고 이윤도 증가할 수 있습니다. 새로운 일자리가 생기기 때문에 정부에서도 많은 지원과 관심을 보내고 있습니다.

현재 우리는 과거에 볼 수 없었던 새로운 혁신 기술이 동시에 등장하는 모습을 지켜보고 있습니다. 이렇게 동시다발적으로 혁신이 일어나게 된 가장 큰 이유는 정보통신 기술의 발달과 하드웨어를 운영하는 소프트웨어의 발달 덕분입니다. 이런 변화가 하루아침에 일어난 것은 아닙니다. 짧게는 수년, 길게는 수십 년간 이어진 노력 덕분입니다. 오늘 그리고 바로 지금은 최선을 다한 것들이 모여서 나온 결과입니다.

현재는 과거의 것들이 모여진 결과입니다. 그렇다면 미래는 언제 만들어질까요? 미래는 현재 만들어지고 있습니다. 현재 하고 있는 일들이 모이면 미래가 되기 때문입니다. 그래서 현재가 가장 중요합니다.

'현재'라는 뜻의 영단어인 'present'에는 '선물'이라는 뜻이 있습니다. 현재가 어떤 선물일지 한번 생각해보세요. 저는 미래를 준비할 수 있도록 주어진 시간이 '기회'라는 선물이라고 생각합니다. 그 기회를 여러분이 바로 지금 붙잡아서 교통수단과 모빌리티 기술이 펼칠 새로운 미래의 주인공이 되기를 응원합니다.

한대희

대전광역시 교통전문연구실장. 성균관대학교 u-City공학과에서 '전기택시'를 주제로 한 논문으로 박사학위를 받았고, 현재 미래도시융합공학과 겸임교수로 재직 중이다. 대전광역시에서 여러 교통정책을 입안하고 수행한 경험을 갖고 있다. 2010년 제1회 '10월의 하늘' 강연에서부터 '스마트교통'과 관련된 강연을 해왔다.

06

꿈을 이뤄주는
신소재

김세훈

꿈
1. 잠자는 동안에 깨어 있을 때와 마찬가지로 여러 가지 사물을 보고 듣는 정신 현상.
2. 실현하고 싶은 희망이나 이상.
3. 실현될 가능성이 아주 적거나 전혀 없는 헛된 기대나 생각.

여러분이 생각하는 꿈은 무엇인가요? 위의 사전적인 예처럼 꿈에는 다양한 뜻이 있습니다. 물론 마지막처럼 헛된 기대나 생각을 뜻하는 경우도 있지만, 우리는 대부분 희망이나 이상처럼 좋은 뜻을 떠올립니다. 그렇다면 '꿈을 실현시킨다'는 것은 어떤 의미일까요?

많은 사람이 꿈을 실현하기 위해 노력한다고 이야기하지만, 가만히 살펴보면 꿈은 머릿속 상상 속에서 이뤄지는 경우가 많습니다. 그런데 실현하게 만들려면 그것을 가능케 하는 '실물', 즉 재료가 있어야겠죠? 예를 들어 하늘을 날고 싶은 꿈을 실현시키려면 '날개'를 만들 수 있어야 합니다. 물론 날개 없이 다른 방식으로 날 수도 있긴 합니다.

이번 이야기는 다양한 우리의 꿈을 실현시키기 위해서 어떤 재료들이 어떻게 도움을 줄 수 있는지 살펴보려고 합니다.

꿈의 재료 찾기

오래 살고 싶은 꿈, 하늘을 날고 싶은 꿈, 깨끗한 환경에서 살고 싶은 꿈, 원하는 성질을 갖춘 물질을 만드는 꿈, 멀리 있는 사람에게 소식을 전달하고 싶은 꿈 등등 수많은 꿈을 꾸며 우리는 살아가고 있습니다. 그렇다면 이러한 꿈을 이루기 위해선 어떤 재료가 필요할까요? 이 질문에 대답하기에 앞서 재료 또는 소재가 무엇인지 한번 살펴보려고 합니다.

재료는 크게 유기(organic), 무기(inorganic), 금속(metal)의 세 종류로 나뉩니다. 금속은 문자 그대로 금속결합을 하는 물질을 뜻합니다. 유기와 무기의 구분은 '탄소(Carbon, C)'라는 물질이 포함되어 있으면 유(有)기물, 탄소 이외의 물질로 구성되어 있으면 무(無)기물로 구분합니다. 우리 몸을 구성하고 있는 탄수화물, 지방, 단백질 등이 대표적인 유기물로, 가열하면 연소하는 동안 이산화탄소를 내보내게 됩니다. 경우에 따라 탄소를 포함하고 있더라도 무기물로 분류하기도 합니다.

최근에는 어느 한 재료만 사용하는 것이 아닌, 두 가지 이상의 재료를 섞어서 만드는 하이브리드(hybrid) 재료도 주목받고 있습니다. 유기와 금속이 섞인 물질도 있고, 유기와 무기, 또는 세 가지가 전부 섞여 새로운 재료를 만들어내기도 합니다.

다시 꿈 이야기로 돌아와서, 앞에서 언급했던 꿈과 비슷한 분류로 과학자들은 기술을 다음의 여섯 가지로 나누어 분류하고 이를 '6T'라고 부릅니다. 여기서 T는 과학 기술을 뜻하는 테크놀로지(Technology)의 앞글자로, IT(Information, 정보통신), NT(Nano, 나노), BT(Bio, 생명공학), ET(Energy & Environment, 에너지환경), ST(Space, 항공우주), CT(Cyber, 가상세계) 여섯 가지를 뜻합니다. 여기서는 NT, ST, BT 분야에서 어떤 재료가 어떤 꿈을 이루는 데 도움이 되는지 알아보겠습니다.

작을수록 강하다, 나노 기술

A4 종이 한 장은 혼자 세워놓기 힘들 정도로 약한 강도를 지니고 있습니다. 이 종이 한 장으로 가장 큰 힘을 낼 수 있는 방법은 무엇일까요? 종이를 여러 번 접어서 조그마하게 만드는 방법도 있지만, 둘둘 말아서 막대기 형태로 만들면 더 쉽게 단단한 형태로 만들 수 있습니다. 똑같은 종이지만 둘둘 말았을 때 강도가 더 센 물질로 바뀌는 것이죠. 이렇게 모양이 바뀌는 것만으로도 물질의 성질이 바뀌는 경우가 있습니다. 실제 이런 이유로 제품을 만들 때 원하는 성질을 얻기 위해 그에 필요한 최적의 구조를 오랜 시간 고민하곤 합니다.

이번엔 크기에 대해서 생각해봅시다. 옆 페이지의 사진은 어린 시절 누구나 한번쯤 가지고 놀았던 블록 완구입니다. 두 블록 완구 중에 어떤 것이 더 멋있어 보이나요? 아마도 대부분의 사람은 오른쪽 블록을 택할 것입니다. 그 이유는 무엇일까요? 비밀은 사용하는 블록의 크기에 있습니다. 같은 트럭 모양 블록이지만 왼쪽 블록은 오른쪽 블록보다 상대적으로 커다란 블록을 적게 사용해 만든 작품입니다. 사용하는 블록이 작을수록 좀 더 정교하게 모양을 만들 수 있기에 더 멋있게 보이는 것이죠. 이는 해상도에 있어서도 마찬가지 결과를 낳습니다. 똑같은 크기의 모니터지만 해상도가 높을수록, 다시 말해 나눠놓은 칸의 수가 많고 크기가 작을수록 더 선명한 화질이라고 느끼게 됩니다.

　이젠 앞에서 언급한 구조와 크기 두 가지를 한꺼번에 생각해봅시다. 원하는 성질을 얻기 위해서 적합한 구조를 만들고, 그 구조의 크기를 작게 만든다면 더 좋은 효과를 얻을 수 있지 않을까요?

　그런데 과연 무조건 작게 만드는 것이 효과가 좋을까요? 이에 대한 답을 구하기 전에 먼저 '분자'와 '원자'의 뜻을 생각해볼 필요가 있습니다. 원자는 더는 쪼갤 수 없는 물질의 기본 단위를 말하고, 분자는 성질을 나타내는 기본 단위를 뜻합니다. 수소(H) 두 개와 산소(O) 한 개로 이루어진 물에서 수소와 산소는 원자이고, 물(H_2O)은 분자인 것입니다. 경우에 따라 헬륨(He)처럼 원자가 분자인 경우도 있습니다.

　우리가 원하는 성질을 만들기 위해서 구조를 가장 작게 만들어야 한다면 분자 수준의 크기가 가장 좋을 텐데요, 이 크기의 단위가 바로

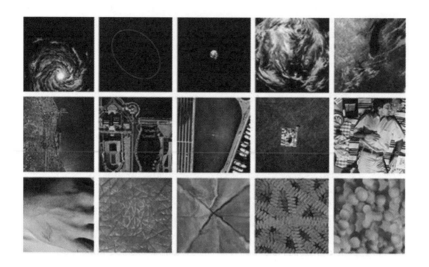

나노미터(nanometer)입니다. 난쟁이를 뜻하는 단어인 나노스(nanos)에서 유래된 나노(nano)는 밀리(milli, 10^{-3}), 마이크로(micro, 10^{-6})보다도 작은 10^{-9}을 뜻하며 1,000,000,000nm를 1m로 계산합니다.

나노의 크기가 어느 정도인지 가늠하기란 쉽지 않을 것입니다. 위 사진은 'Powers of Ten'이라는 동영상(https://youtu.be/0fKBhvDjuy0)에서 발췌한 것으로 사람을 기준으로 열 배씩 확대와 축소를 해나가는 과정을 보여줍니다. QR코드를 이용해 동영상을 확인하면 나노 크기가 어느 정도 수준인지 눈으로 확인할수 있을 것입니다.

'나노 기술'이라는 말을 처음으로 사용한 사람은 에릭 드렉슬러(Eric Drexler)라는 과학자입니다. 미국의 물리학자 리처드 파인만(Richard Phillips Feynman)이 1959년에 '분자 기술'이라는 용어로 그 개념을 처음 주장하기도 했습니다. 물론 당시에는 불가능한 기술이라고 생각해서 학계에서 이를 무시했지만, 그 기술이 가능해진 지금에는 파인만이 얼마나 앞서 내다본 사람인지 새삼 느낄 수 있습니다.

가장 대표적인 나노 기술이 적용된 물질로 탄소 나노튜브를 꼽을 수 있습니다. 앞에서 종이를 예로 들은 것처럼 탄소 한 장을 둘둘 말아 강도를 높여서 전기를 한 방향으로 흐르게끔 원하는 성질로 만들어낸 것으로, 다양한 곳에 사용되고 있습니다. 풀러렌(fullerene), 그래핀(Graphene) 등도 같은 접근으로 만들어진 주목받는 신소재들로, 해당 물질을 연구한 과학자들이 전부 노벨상을 받은 것을 보면 얼마나 중요한 재료인지 알 수 있습니다.

이러한 나노 기술을 바탕으로 우리가 상상만 했던 작은 크기의 로봇을 만드는 것도 가능해졌습니다. MEMS(Micro Electro Mechanical System)는 밀리미터(㎜)에서 마이크로미터(㎛) 크기에 이르기까지 초소형 시스템을 제조할 수 있는 기술로 이미 에어백 가속도 센서, 의료기기, 정보기기 분야 등 여러 분야에서 활용되고 있습니다. 머지않은 시기에 생체분자를 이용한 나노로봇이 제작돼 특정 환부에 약물을 운반

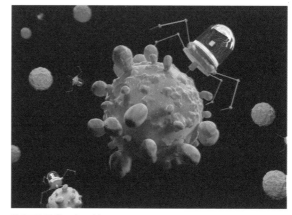

암세포를 죽이는 나노로봇

하고 바이러스와 암세포 공격에 쓰이는 등 의료 분야에서도 활용할 수 있게 될 것입니다.

━━━━━ 신소재 개발로 우주여행을 꿈꾸다, 항공우주 기술

인류는 아주 오랜 옛날부터 자유롭게 하늘을 나는 새를 동경해왔습니다. 밀랍으로 붙인 새의 날개를 달고 끝 간 데 없이 날아오르다 추락한 그리스 신화 속 인물 이카로스(Icaros)처럼 인간은 오랜 시간 비상을 이루기 위해 수없는 노력을 기울이며 실패와 좌절을 겪었습니다. 그러다 마침내 인간에게 활공의 기회를 선물할 기계가 발명됩니다. 아마도 다들 라이트(Wright) 형제를 떠올리겠지만, 사실 그들보다 훨씬 먼저 비행기를 설계한 사람이 있습니다. 바로 이탈리아의 화가 레오나르도 다빈치(Leonardo da Vinci)입니다. 다빈치는 새가 나는 모습을 연구해 이를 바탕으로 하늘을 나는 기구를 설계했지만, 당시의 기술 부족으로 제작되

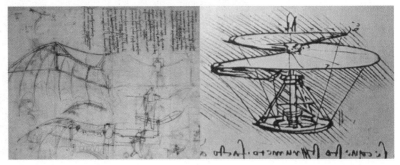

다빈치가 설계한 비행기

지는 못했습니다.

하늘을 나는 꿈이 실제로 이루어진 것은 1783년에 이르러서입니다. 프랑스 파리의 브로뉴 숲에서 조제프 미셸 몽골피에(Joseph-Michel Montgolfier)와 자크 에티엔 몽골피에(Jacques-Etienne Montgolfier)가 인류 최초로 열기구를 이용해 유인비행에 성공했습니다. 이들은 전도유망한 제지업자(당시엔 첨단 산업이었습니다)로 공기보다 가벼운 물질을 연구하던 중 뜨거운 공기의 성질을 이용해 종이나 천으로 된 주머니에

인류 최초의 열기구

이를 넣고 비행하는 실험을 하게 됩니다. 반복되던 실험이 성공을 거두자 이를 대중에 공개했는데, 첫 번째 비행은 10미터 크기의 기구를 2,000미터 상공에 띄우는 것이었고, 이후 사람을 태운 유인비행에도 성공하게 됩니다. 이 비행 장면을 보기 위해 루이 16세와 마리 앙투아네트를 포함한 13만 명의 시민이 몰렸다고 합니다.

이후 200여 년이 지난 후 인류를 원하는 장소로 이동시켜줄 최초의 비행기를 라이트 형제가 제작합니다. 1903년 12월 17일 오전 10시 35분, 미국 노스캐롤라이나 키티호크 해안에서 자전거 가게를 운영하던 윌버(Wilbur) 라이트와 오빌(Orville) 라이트가 만든 인류 최초의 비행기 플라이어호가 12초 동안 36미터 비행에 성공했습니다. 그들은 세 차례 더 비행에 나섰는데, 마지막 비행에서 윌버는 날개 길이 12미터, 기체 무게 283킬

비행선 힌덴부르크호의 폭발

로그램인 비행기를 타고 59초 동안 약 255미터를 나는 데 성공했습니다.

비행기가 발전을 거듭하는 동안 그와 함께 비극적인 사건도 있었습니다. 1937년 5월 6일, 독일 프랑크푸르트에서 출발해 미국 뉴저지의 레이크허스트 국제공항에 도착한 독일의 초대형 여객 비행선 힌덴부르크호가 계류탑에 정박 준비를 하던 중에 거대한 폭발과 함께 추락했습니다. 힌덴부르크호를 포함한 당시의 비행선은 기체를 가볍게 하려고 선체에 헬륨가스를 채워 운행했는데, 헬륨에 대한 독점권이 미국에 있던 까닭에 독일은 헬륨 대신 가볍지만 폭발성이 강한 수소를 대체해 사용하다가 이 같은 비극을 맞게 된 것입니다. 이후로 이 같은 방식의 비행선은 자취를 감췄고, 더 가볍고 새로운 비행기 소재에 대한 개발로 이어지게 됐습니다.

가볍고 강도가 높은 금속으로 만든 비행기가 등장한 후에도 금속보다 더 가볍고 단단한 합금과 복합소재를 이용한 개발이 계속되고 있습니다. 특히 복합재료는 빠른 전투기와 우주선을 만드는 데 핵심재료로 사용됩니다.

세상에 존재하는 원소는 정해져 있는데 새롭고 더 좋은 재료를 찾다 보니 이번에는 기존의 재료를 섞어서 사용하기 시작했습니다. 이러한 융

합은 동일한 재료들에서 이뤄지기도 하며, 다른 종류의 재료들 사이에서 이뤄지기도 합니다. 서로 다른 두 가지 또는 그 이상의 금속을 섞어 새로운 성질을 가지게 하는 것을 합금이라고 하는데, 꼭 금속만을 사용하지는 않습니다.

합금의 역사는 인류의 역사와도 함께 합니다. 우리가 접할 수 있는 가장 대표적인 합금은 '청동'으로, 인류의 도구 변천사 속에서 만들어진 합금 물질입니다. 인류가 처음 사용한 도구는 주변에서 쉽게 구할 수 있던 돌이었습니다. 돌에 섞인 금속 가운데 녹는 온도가 낮은 구리를 발견할 수 있었는데, 하지만 구리의 경도가 너무 약해 농기구나 무기로 쓰기엔 힘들었습니다. 여러 시행착오 끝에 구리에 주석을 섞어 청동을 만들게 되었고, 이에 인류는 더 단단한 철을 발견하기 전까지 오랜 시간 청동을 이용한 청동기 시대를 보내게 되었습니다.

그렇다면 현대는 어떤 물질의 시대일까요? 비행기의 동체, 자동차의 바퀴 휠, 창틀, 음료수 캔 등등 주변에서 쉽게 찾아볼 수 있는 가벼운 금속, 바로 알루미늄의 시대라고 할 수 있습니다. 그런데 순도가 높은 알루미늄은 부식을 잘 견디는 내식성은 우수하나 기계적 성질이 구조용 재료로 부족해 여러 방식의 합금으로 이용됩니다. 항공기와 자동차 공업의 발전과 함께 여러 알루미늄 합금이 발명되었는데, 특히 두랄루민(Duralumin)계 합금은 합금의 역사에 새로운 획을 그었다는 평가를 받고 있습니다.

비행선 '애크론'에 두랄루민이 사용되었음을 알리는 표식

두랄루민은 알루미늄에 구리, 마그네슘, 망간, 규소, 아연 등을 첨가해 강도를 높인 합금으로, 시효경화성을 지닌 것이 특징입니다. 시효경화성이란, 두랄루민을 500℃ 정도로 가열한 후 물속에서 급랭시키면 매우 연한 상태가 되지만 상온에 방치하면 시간이 경과할수록 단단하게 경화되는 현상을 말합니다. 상온에서 시효경화를 거친 두랄루민은 강도가 철강과 비슷한 반면, 무게는 철강의 3분의 1 정도로 가벼워 하늘을 나는 비행기를 만들기에 최적의 물질로 꼽힙니다. 이런 특징 외에도 우수한 전기전도성 때문에 비행기가 번개를 맞더라도 전류가 표면을 따라 순식간에 퍼지면서 곳곳에 설치된 피뢰침에 의해 공중으로 흘러버리게 됩니다. 항공 산업의 발전을 이끈 두랄루민은 이후로도 초두랄루민, 초초두랄루민 등 개량된 합금으로 발명돼 그전보다 1.2~1.4배의 높은 강도를 갖게 되었습니다.

여러 가지 금속을 섞어서 만드는 합금처럼 두 종류 이상의 소재를 섞어 복합화해 만드는 복합재료도 항공 산업의 발달을 이끄는 주요한 원동력입니다. 합금은 금속을 녹여서 섞어 분자 단위로 섞이는 반면, 복합재료는 각각의 조직을 그대로 유지한 채 접합해 다른 성질의 재료를 만듭니다. 1960년대부터 본격적으로 개발된 복합재료는 현재 항공·우주, 자동차, 철도, 선박, 스포츠용품 및 건설 자재에 이르기까지 널리 사용되고 있는 대표적인 신소재입니다.

항공 산업 분야에서는 에어버스(Airbus) 등의 항공기 제조사에서 항공기 재료의 많은 부분을 차례로 복합재료로 대체하고 있습니다. 항공기에 쓰이는 복합재료인 탄소섬유 강화고분자 복합재료의 경우 알루미늄보다도 가볍고, 같은 무게로 비교한 강도가 합금강보다도 높습니다.

  이런 복합재료는 우주여행의 꿈을 실현하기 위해 꼭 필요한 물질이기도 합니다. 달이나 행성까지 가기 위해선 하늘을 날 수 있는 기술만 필요한 게 아닙니다. 인간을 태워갈 우주구조물이 우주를 향해 발사될 때 겪게 되는 극심한 가속도를 비롯해, 궤도에서의 온도 편차($-157 \sim 120℃$) 및 고진공(10^{-13}torr), 초속 수 킬로미터의 빠른 속도로 날아다니는 우주 먼지들과 각종 전자파 및 방사능 등 가혹한 환경 조건을 견딜 수 있는 우주복의 개발도 꼭 필요합니다. 복합재료가 이러한 우주복 소재의 개발에도 많은 공헌을 했습니다. 우주복이 인간을 완벽히 보호할 수 있는 것은 신소재 방어벽 덕분입니다. 현재는 장갑 한 짝에 2,000만 원을 넘는 가격이기에 우주복을 제대로 갖춰 입고 우주여행을 훌쩍 떠나기에는 아직 오

복합재료를 이용해서 만든 스페이스엑스(SpaceX)의 우주 로켓

랜 시간이 걸릴 듯합니다. 한편, 우주인들의 더 효율적인 임무 수행을 위해 현재 미항공우주국(NASA)은 복합재료로 만든 티탄섬유를 이용한 우주복을 만들고 있습니다.

━━━━ 생명 연장의 꿈, 생명공학 기술

무병장수는 인류의 오랜 꿈 가운데 하나일 것입니다. 예로부터 많은 사람이 장수를 도와줄 신비한 약초를 찾아 나섰고, 때로는 주술의 힘에 의존하기도 했습니다. 과거와 달리 현대에는 의학의 발전으로 그 꿈에 다가서고 있습니다. 그 가운데서도 '장기 이식'은 무병장수의 꿈을 향해 큰 걸음을 내딛는 역할을 했습니다.

장기 이식을 대략의 시기별로 구분하면 다음과 같습니다. 먼저 1세대 장기 이식은 목재나 원시적인 공업용 재료를 사용해 인체 일부를 지지 또는 보철하는 것으로, 실용성이나 효과보다는 초보적인 호기심에서 접근했다고 할 수 있습니다. 실제 신체와 접합이 이루어진 것은 아니고 받치는 정도의 방식으로 결합해 있어 장기 이식이라고 부르기엔 무리가 있습니다. 하지만 최소한 버티거나 움직임을 가능하게 해주기 때문에 그 의미가 있습니다. 최근에는 1세대 방식에 신소재를 이용해 기능성을 부과하는 경우도 있습니다.

일반 화학재료의 사용과 함께 등장한 2세대는 신체의 결손 부위를 대체하기 시작했지만, 생체적 합성에 대한 고려 없이 경험적으로 사용되었

육상에 필요한 기능성을 극대화시켜 제작한 의족

기에 외부 장기만 이식이 가능한 수준이었습니다. 성형이 가능해져 이전보다 훨씬 원래의 장기와 비슷한 모습으로 만들어지고 거부감도 적었지만, 역시나 신체에 직접적으로 결합되는 것은 아니었습니다. 우리가 알고 있는 대부분의 의수, 의족이 이에 해당되며 아직도 높은 비율로 사용되고 있습니다.

　3세대 장기 이식은 고분자, 세라믹, 금속재료 생산 기술을 바탕으로 시작됐습니다. 생체적합성 재료의 개발로 인공 장기 생산이 가능해지면서 생체재료(biomaterials)라는 용어가 탄생하기에 이르렀습니다.

　인공 재료가 체내에 들어가게 되면 큰 변화가 일어나는데, 재료의 표면에 혈액에 함유된 여러 가지 단백질이 부착하는 경우 혈액 중에 혈전이 생기게 되고, 이 혈전이 혈관을 메우면 심근경색 또는 뇌혈전 등의 원인이 됩니다. 그러므로 인공 장기에 사용하는 재료로서 요구되는 조건은, 이들 물질이 체내에 들어가도 혈전을 만들지 않는 항혈전성을 지니고 있어야 합니다.

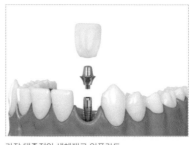

가장 대중적인 생체재료 임플란트

생체재료로 인공 신장용 투석막, 인공 혈관, 인공 치아, 수혈용 혈액 저장 주머니, 혈액의 회로에 사용되는 튜브 등이 있으며, 이들을 제작하는 데 폴리염화비닐, 실리콘, 테플론 등이 쓰입니다. 물론 생체재료는 고분자뿐만 아니라 금속, 세라믹의 다양한 재료도 포함됩니다. 틀니를 대신해 현재 많이 사용되고 있는 임플란트도 대표적인 생체재료입니다.

우리가 광고에서 종종 접하는 '살아서 장까지 가는 유산균 요구르트'는 단순 음료와는 다릅니다. 유산균을 둘러싸는 재료는 몸속에서 유해한 반응을 일으키지 않는 생체적합 재료임과 동시에 몸속에서 자연스럽게 분해되는 생분해성 재료이기도 합니다. 이 기술이 조금 더 발전한다면 약물 전달 시스템(Drug Delivery System, DDS)도 가능하게 됩니다. 생체적합성과 생분해성을 보임과 동시에, 특정 부위를 찾아가 그곳에서 약을 쥐어짜는 특성까지 가지게 되는 것이죠. 예컨대, 암 환자의 경우 암세포가 산성을 띠는 특징을 이용해 암세포 주변에서 전달체가 수축해 약물을 방출하는 방식으로 치료에 이용됩니다.

생체적합 재료의 개발이 본격화되면서 더 많은 인공 장기들이 제작됐습니다. 하지만 외부의 재료를 넣는 것만으로는 새로운 '생명 창조'라는 개념에 접근하기는 어려웠기에, 장기 이식에서 장기 회복의 개념으로 발전하게 됐습니다. 이런 개념을 바탕으로 장기 이식 4세대는 조직공학(tissue engineering) 기술을 이용해 체내의 기능을 체외에서 모사하는 기능성 장기 개발을 목표로 나아가고 있습니다.

생체조직공학이라고도 하는 조직공학은 1980년 미국 매사추세츠 공과대학(MIT)에서 화상 환자를 위한 인공 피부가 제작되면서 새로운 학문 분야로 인정받기 시작했으나, 아직까지는 활성화되지 않은 미개척 분야입니다. 2003년 4월에 완성된 인간 게놈(Genom)지도*와 체세포 복제 등을 통한 복제인간 연구 등의 성과를 바탕으로 인간의 질병 치료는 물론 손상된 조직 및 장기의 영구적이고 완전한 대체를 통해 생명을 연장시키는 방법이 활발히 모색되고 있습니다.

* 게놈지도 생물 유전자의 전체 염기 서열인 게놈의 배열 상태. 염색체의 어느 위치에 어떤 유전자가 있는지 알 수 있어 유전병 치료에 큰 공헌을 할 것으로 예상한다.

인간복제의 경우 장기 이식의 가장 완벽한 해결책이 될 수는 있지만 배아나 수정란을 이용해야 하기 때문에 이에 수반되는 생명의 존엄성 파괴 등 윤리적 비난을 면하기 어렵습니다. 반면 조직공학 기술을 이용하면 환자 자신의 조직에서 세포를 분리해 체외에서 생체조직과 장기를 만들 수 있습니다. 또 사람의 골수, 피부, 혈관에 존재하는 줄기세포를 이용할 수도 있어 인간복제에서 일어날 수 있는 윤리적, 사회적 문제를 배제할 수 있다는 장점이 있습니다.

위에서 언급한 생체조직공학 기술은 아직 완성된 것은 아니지만, 이 기술에 정보통신 기술(IT)과 사이버 기술(CT)이 접합돼 더욱 재미있는 일들이 벌어지고 있습니다. 대표적으로 피지옴(Physiome) 이론을 들 수 있습니다. 피지옴이란, 생명을 뜻하는 접두사 '피지오(physio-)'와 전체를 뜻하는 접미사 '옴(-ome)'의 합성어로, 1995년 미국 워싱턴대의 제임스 베싱웨이트(James Bassingthwaighte) 교수가 처음 제창했습니다. 피지옴 이론은 구조보다 기능을 강조한다는 점에서 금세기 과학계 최고의 화두인 게놈과 대비됩니다.

인체 게놈 사업으로 인체를 구성하는 유전자 벽돌의 순서는 낱낱이 밝혀졌습니다. 그러나 몇 번째 벽돌이 구체적으로 어떤 일을 하는지는 아직 모릅니다. 이를 해결해줄 수 있는 것이 바로 피지옴입니다. 피지옴은 생명 현상이란 숲을 보기 위해 정보 기술을 동원합니다. 수천, 수만 가지의 가능성을 정보 기술을 이용해 시뮬레이션하는 것입니다. 게놈이 유전자를 분자 단위까지 파고드는 미시적 개념이라면, 피지옴은 정보 기술과 생명공학 기술이 협조해 생명 현상을 밝혀내는 거시적 개념입니다.

컴퓨터 시뮬레이션으로 인체의 생리작용을 전부 표현하고 실험한다는 것인데, 먼 미래의 이야기인 것 같지만 이미 10년 전 피지옴을 기반으로 한 데이터가 임상실험을 대신해 미국식품의약국 FDA의 승인을 받았습니다. 누구는 심장의 근육을 모델링하고, 누구는 혈관을 모델링하고, 누구는 혈액의 흐름을 모델링해 하나의 가상 심장을 만들어 임상실험을 대신한 것입니다.

신소재가 이룰 미래를 꿈꾸며

많은 과학자가 지금껏 끊임없이 꿈을 꾸며 더 나은 세상을 만들기 위해 노력해왔고, 그 결과 지금 우리는 과거보다 편리한 세상에 살고 있습니다. 우리도 가만히 지켜보고 있을 수만은 없지 않을까요? 여러분이 가장 하고 싶었던 꿈 하나를 정해서 그것을 이루기 위해 끊임없이 달려간다면 내일의 세상은 조금 더 이롭고 아름다워질 것입니다. 그 꿈을 이루는 데 '재료공학'은 더 많은 기회와 희망을 줄 것이라고 학계 선배로서 살짝 귀띔해주고 싶습니다. 여러분이 만들 신소재를 바탕으로 더 나은 세상을 만드는 꿈, 지금부터 품어보는 건 어떨까요?

김세훈

서울대학교 재료공학부 학사, 석사, 박사 과정을 거쳤다. 비트루브 주식회사 Co-Founder & CSO, 주식회사 김랩 Founder & CEO로 재직 후 현재 어썸레이 주식회사 Founder & CEO로 활동하고 있다.

07

컴퓨터에 숨겨진
과학, 수학 파헤치기

이용길

0100011101010100100100011101010100100
000111100000011101000111100000001110
001110101000011111001110101000011111
0000110101011101001000011010111101001
0000000011110001010000000111100010
00100100100001001000100100100001001
1101001111001110101101001011100111011
1001010101000011001100101010100100110
010001110101010010010010001110101010011
000111100000011101000111100000001110
00111010100001111100111101010000111
0000110101011101001000011101011110100
0000000111100010100000000111100010
001001001000010010001001001000010011
1101001111001110101101001011100111011
1001010101010010011001010101010001100

현재를 살아가는 우리는 하루 24시간 중 대부분을 컴퓨터와 함께 보냅니다. 알람 시계 대신 스마트폰이 아침을 깨워주고, 학교와 학원의 수업은 컴퓨터로 진행되며, 버스 속 TV도 컴퓨터로 재생됩니다. 컴퓨터가 진화하고 빨라지면서 그와 동시에 점점 더 많은 물건이 컴퓨터를 품기 시작했습니다. 자전거부터 밥솥, 자동차, 장난감 등 다양한 물건이 컴퓨터와 함께 작동하고 있습니다. 이러한 컴퓨터가 수많은 과학과 수학의 이야기를 간직하고 있는 것을 알고 있나요?

0과 1로 표현되는 컴퓨터 속 세상

컴퓨터가 우리에게 보여주는 다채로운 화면은 우리 눈에 보이는 것과 달리 컴퓨터에겐 따분한 숫자의 나열에 불과합니다. 동영상 속 주인공의 날렵한 움직임이나, 게임 속 캐릭터의 화려한 스킬은 컴퓨터가 0과 1을 조합해 만든 결과물입니다. 컴퓨터가 0과 1을 가지고 이 세상의 수많은 정보를 저장하고 관리하는 것은 '이진법'이 있었기에 가능했습니다.

이진법은 독일의 수학자 라이프니츠(Gottfried Wilhelm von Leibniz)가 만들어낸 숫자를 표현하는 방식입니다. 두 개의 숫자만을 이용해 모든 숫자 표현을 가능하게 한 것으로, 컴퓨터에서는 이 두 개의 숫자만으로 표현하는 한 자리를 비트(bit, binary digit)라고 합니다. 일반적으로 이진법은 0 이상의 정수만 표현이 가능합니다. 이밖에 음수와 양수를 표현하는 비트를 추가해, 그 수가 음수인지 양수인지를 구분해줄 수 있습니다.

라이프니츠의 이진법

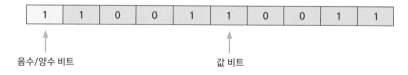

우리가 모니터를 통해 바라보는 모든 정보는 컴퓨터 속에서 이진수로 이루어져 있습니다. 게임 속 캐릭터의 움직임이나 아이템도 우리 눈에 보

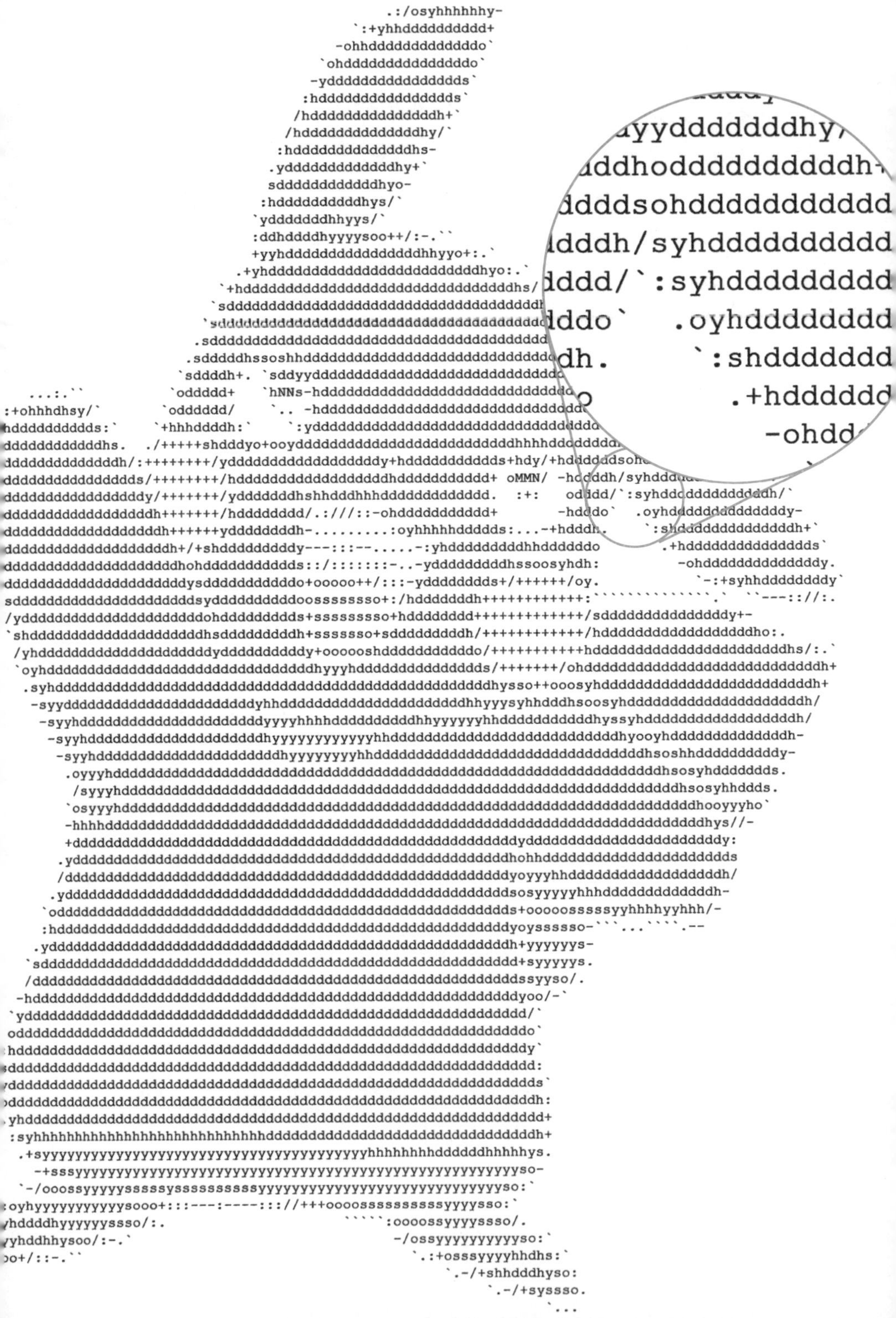

이는 것과 컴퓨터가 가진 정보는 매우 다릅니다.

우리 눈에 비친 모니터의 빨간색은 컴퓨터에게는 '#ff0000'이라는 문자로 인식됩니다. 이 문자는 프로그램을 만드는 프로그래머가 컴퓨터를 조금 더 쉽게 다룰 수 있도록 만들어진 문자입니다. 실제로 이 문자는 '00100011 01100110 01100110 00110000 00110000 00110000 00110000'이라는 숫자로 컴퓨터 속에서 인식됩니다. 56자리로 구성된 0과 1이 모니터에선 아주 조그만 빨간 점으로 나타나는 것이죠.

컴퓨터 속에 저장된 수많은 정보가 우리 눈에 보여지기 위해서 얼마나 많은 숫자의 변화가 이루어지는지를 상상하기란 쉽지 않습니다. 다만, 숫자만으로 구성된 컴퓨터가 우리와 대화하기 위해 하는 일들을 살펴보면 조금이나마 컴퓨터 속 세상을 엿볼 수 있을 것입니다.

컴퓨터가 우리와 대화하는 법

앞에서 이야기했듯이 컴퓨터 속에는 0과 1을 제외한 숫자는 없습니다. 글자, 사진, 동영상 등 컴퓨터가 보여주는 정보들은 모두 0과 1로 저장됩니다. 오직 0과 1만으로 수백만 가지의 색과 수만 가지의 글자를 보여줍니다. 컴퓨터는 이 수백만 가지 색과 글자를 0과 1로 표현하기 위해 코더(Coder)와 디코더(Decoder)를 활용합니다. 코더는 음성이나 영상 신호를 디지털 신호로 변환하는 기술이며 그 반대로 변환시켜주는 기술이 디코더입니다. 우리가 동영상 프로그램으로 영상을 재생할 때 사용하는 코덱(Codec)이 바로 이 코더와 디코더를 합친 말입니다.

컴퓨터 속의 코덱은 0과 1로 표현된 숫자 정보를 색이나 글자 같은 사용 가능한 다른 값으로 변환하는 기능을 수행합니다. 동영상 파일에 저장된 0과 1을 이용해 순서대로 동영상 속 색을 재생하는 식입니다. 우리가 보는 글자도 유니코드 문자를 변환하는 코덱에 의해 숫자에서 글자로 변경된 것입니다. 우리가 스마트폰으로 듣는 mp3 파일도 오디오 코덱 중 하나를 통해 소리로 전달됩니다. 그렇다면 코덱은 어떤 방식으로 이러한 일을 수행할까요?

코덱은 0과 1로 구성된 숫자와 변환할 정보를 미리 매칭(matching)해두는 방식으로 정보를 변환합니다. 컴퓨터에서 많이 활용되는 아스키(ASCII) 코덱은 이진수와 글자를 순서대로 연결해두고, 코덱에 들어온 이진수와 같은 순서에 있는 글자를 보여줍니다. 예를 들어, 이진수인 01100001(97)을 아스키 코덱에 넣으면 알파벳 a가 나오고, 이보다 1만큼 큰 01100010(98)을 아스키 코덱에 넣으면 다음 알파벳 b가 나옵니다. 97부터 122까지 총 27개의 숫자에 각각의 알파벳이 순서대로 연결돼 있습니다.

컴퓨터는 코덱을 이용해서 수많은 이진수를 우리가 알아볼 수 있는 정보로 변환해줍니다. 수많은 이진수가 수많은 코덱을 통해서 적당한 값으로 변환되는 것입니다. 이진수와 연결된 정보는 코덱마다 다른데, 이러한 특징은 우리에게 종종 당혹감을 주기도 합니다. 컴퓨터에 저장해놓은 문서가 '쀍밟뤄' 같은 이상한 문자로 변형된 것을 본 적 있나요? 이러한 문제는 우리가 일반적으로 컴퓨터에서 사용하는 코덱과 저장해놓은 문

서의 코덱이 달라서 생기는 경우입니다. 같은 '01100001(97)'이어도 아스키 코덱에서는 알파벳 'a'로 나오지만, 연결된 값이 다른 코덱에서는 일본어 'ア'로 나오기도 합니다.

코덱은 저장된 정보를 우리가 알아볼 수 있도록 바꿔주는 역할도 하지만, 우리가 컴퓨터에게 내리는 명령도 코덱을 이용해 이해하기도 합니다. 키보드를 컴퓨터에 꽂으면 설치되는 드라이버 속에는 키보드 각각의 버튼과 이진수를 연결해줄 코덱이 함께 들어 있습니다. 마찬가지로 마우스를 연결할 때도 버튼과 힐에 해당하는 움직임이 이진수와 연결돼 컴퓨터가 이해할 수 있게 변경해줍니다.

컴퓨터 기술이 발달하면서 컴퓨터가 우리와 대화할 수 있는 수단이 점점 늘어나기 시작했습니다. 그러한 대표적인 예로 3D 플레이어가 있습니다. 2D로 만들어진 동영상을 3D 화면으로 재생시켜 주는 3D 안경은 왼쪽 화면에서 사용되는 코덱과 오른쪽 화면에서 나오는 코덱을 서로 다르게 적용시켜 두 눈 사이에 착시를 만들어내는 방식을 활용한 제품입니다.

컴퓨터에게 마중 나가기

컴퓨터와 직접 대화하기 위해서 컴퓨터가 사용하는 0과 1을 이용하고자 한다면, 프로그램을 만드는 프로그래머들은 사용하는 키보드에 0과 1 그리고 스페이스 바만 있으면 됩니다. 그러나 이런 방식으로 작업하려면 수십 자리에 해당하는 이진수를 외워서, 어떤 값이 0인지 1인지 알아야 하고, 심지어 코덱마다 연결된 값이 다르니 다른 코덱을 사용할 때는 또 다른 이진수를 외워야 합니다.

이러한 과정을 간편하게 만들어준 것이 프로그래밍 언어입니다. 사람이 이해하기 쉬운 문자로 정보를 만들면, 이를 컴퓨터가 이해하기 쉽도록 바꿀 수 있게 만들어진 것이 바로 프로그래밍 언어입니다. 흔히 파이썬(Python), C라고 부르는 언어들이 대표적인 프로그래밍 언어인데 우리가 흔히 사용하는 영단어들의 축약어로 구성된 경우가 많습니다. 이런 프로그래밍 언어 중에 가장 쉽다고 알려진 파이썬을 이용하면 정말 간단한 방식으로 컴퓨터와 대화할 수 있습니다.

```
1
2  ▶   if __name__ == "__main__":
3  ...      print 'Winning team Doosan!'
4
```

위의 사진처럼 두 줄로 구성된 간단한 문장만 입력하면, 컴퓨터에게 'Winning team Doosan!'이라는 문장을 출력하라고 전달할 수 있습니다.

전 세계적으로 프로그래머들이 많아지면서 쉽고 간편한 프로그래밍 언어들이 점점 더 늘고 있습니다. 예시로 사용한 파이썬뿐만 아니라 고(GO), 루비(Ruby) 등 다양한 언어들이 프로그래머를 꿈꾸는 학생들에게 열려 있습니다. 컴퓨터를 좀 더 이해하고 싶다면 프로그래밍 언어를 한번 배워보는 것은 어떨까요?

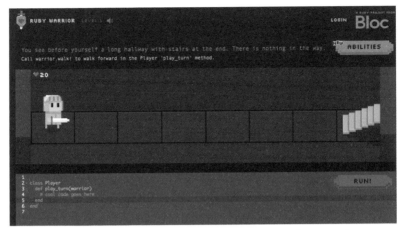

게임을 하면서 프로그래밍 언어 루비를 배울 수 있는 홈페이지(https://www.bloc.io/ruby-warrior)

과학을 돕는 컴퓨터

우리가 사용하는 컴퓨터의 발전은 과학 덕분이지만, 어느덧 과학의 발전을 컴퓨터가 돕고 있습니다. 이미 많은 분야의 과학 연구에서 컴퓨터가 사람의 일을 대부분 대체하고 있습니다. 과거에는 컴퓨터가 과학 연구에 활용되더라도 주로 사람이 반복적으로 해야 할 일을 대신해주거나, 사람의 일을 보조해주는 선에서 활용됐습니다. 하지만 이제는 컴퓨터가 발전하면서 실험을 통해 증명하기 어려운 가설들을 증명하거나, 컴퓨터를 이용해 가상 실험의 결괏값을 예측해 불필요한 실험을 줄여주기도 합니다.

컴퓨터의 영향을 받아 생긴 과학 학문도 존재합니다. 계산 물리학은 순전히 컴퓨터상에 존재하는 데이터만을 활용해 물리학을 연구하는 학문입니다. 실존하는 물질들을 가상의 데이터로 변환해 컴퓨터상에서 실험을 진행하기도 하고, 컴퓨터를 활용해 복잡한 수식을 풀어내는 것도 계산 물리학에 포함됩니다. 최근에는 이론으로만 알려진 물리학 이론들을 계산 물리학을 통해 검증해내기도 합니다.

우주과학의 발전에도 컴퓨터는 큰 역할을 하고 있습니다. 우주에서 얻는 데이터를 연구하기 위해 우주정거장으로 슈퍼컴퓨터를 보내기도 하고, 발사된 로켓의 경로 예측을 컴퓨터를 통해 계산해냅니다.

2018년 3월 말부터 언론에 자주 이름이 오르내리던 우주정거장 '톈궁(天宮) 1호'를 기억하나요? 중국 최초의 프로토타입 우주정거장으로, 지구 대기권을 향해 추락 중이라는 기사가 올라와 한동안 화제가 됐습니다. 당시 톈궁 1호는 매우 빠른 이동 속도와 높이, 바람의 영향 등으로 인해 정확한 추락 지점을 알 수가 없어, 이를 지켜보는 전 세계가 불안에 떨

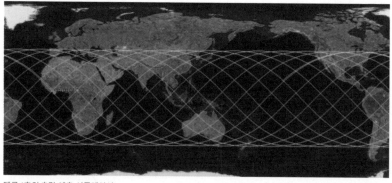

톈궁 1호의 추락 예측 시뮬레이션

었습니다. 그러나 여러 컴퓨터 과학자들이 추락 중인 톈궁 1호의 궤도와 각 대기층의 저항력, 위성에서 전달된 각 대기층의 풍속 등을 바탕으로 톈궁 1호의 추락 시나리오를 만들었고, 추락 두 시간 전부터는 추락 지점을 확정할 수 있었습니다.

컴퓨터의 발전은 항상 과거보다 현재가 더 빠르게 진행되고 있습니다. 이론 물리학과 실험 물리학으로 나뉘어 있던 물리학계는 이제 여기에 컴퓨터가 주도하는 계산 물리학이 추가되었고, 수많은 화학자가 나서서 새로운 원소의 조합을 컴퓨터로 실험해보고 있습니다. 앞으로 더 많은 과학 연구들이 컴퓨터를 통해 진행될 것이라는 예측은 이미 많은 과학자가 인정하고 있습니다.

컴퓨터를 돌보는 과학

컴퓨터를 통해 과학이 발전하면서, 다시 컴퓨터의 발전도 빨라지기 시작했습니다. 양자전기역학을 연구한 리처드 파인만은 1985년 발표한 논문을 통해 앞으로 컴퓨터에도 양자역학이 적용될 것이라고 예측했습니다. 흔히 알려진 양자컴퓨터가 바로 이 논문에서 발표된 컴퓨터입니다.

양자컴퓨터는 물리량의 최소 단위인 퀀텀(Quantum)을 의미하는 양자와 컴퓨터를 합친 단어입니다. 앞서 보았듯이 일반 컴퓨터는 전기가 통하는 1과 전기가 통하지 않는 0 두 가지 값으로 작동합니다. 이와 다르게 양자

컴퓨터는 전자기파를 이용해 원자를 붙잡아두는 기술을 이용합니다. 진공 공간에 원자를 풀어둔 후 움직이지 않도록 한 뒤에, 원자 하나하나를 옮겨 0, 1, 2, 3 등의 숫자를 구분할 수 있도록 하는 방식입니다. 이런 방식으로 한 공간에 원자를 2,000개 넣어서 0부터 1,999까지 숫자를 셀 수 있도록 할 수 있습니다.

양자컴퓨터에 쓰이는 이러한 공간 한 개를 큐비트(qubit)라고 부릅니다. 하나의 큐비트가 표현할 수 있는 정보는 안에 들어 있는 원자의 수에 따라 다른데, 현재까지 등장한 최고 성능의 큐비트에는 약 50개의 원자가 들어 있습니다. 이 큐비트 하나가 0부터 49까지의 수를 셀 수 있다는 것만으로도 0과 1밖에 구분하지 못하는 일반 컴퓨터와의 차이가 느껴지지 않나요?

0과 1뿐만 아니라 다른 숫자까지 표현할 수 있다는 장점이 얼마나 효과적일까요? 앞에서 이진수에 대해서 이해해보았으니, 49라는 숫자를 이진수로 한번 표현해보겠습니다. 49는 110001이라는 이진수로 표현할 수 있습니다. 1을 표현하는 비트 세 개와 0을 표현하는 비트 세 개가 필요하니 총 여섯 개의 비트가 필요합니다. 반면, 50개의 원자가 담긴 큐비트로 49를 표현하면 한 개의 큐비트만으로도 표현이 가능합니다. 여섯 대의 계산기가 한 대의 계산기와 같은 성능을 내는 것으로 이해한다면, 양자컴퓨터의 속도가 얼마나 빠를지 예상이 되나요?

지금까지 전 세계에 출시된 양자컴퓨터 중 가장 속도가 빠른 제품은 'D-웨이브2'라는 이름의 컴퓨터입니다. 가장 빠른 컴퓨터라니, 얼마나 실력이 좋을지 한번 계산해볼까요? 기상청과 같은 많은 정보를 처리하는 곳에서는 일반적으로 슈퍼컴퓨터를 사용합니다. 슈퍼컴퓨터는 1초에 3경 번을 계산할 수 있는데, 이는 우리가 사용하는 일반 컴퓨터 6만 대가 함께 작동하는 것과 같은 성능입니다. 양자컴퓨터 중 가장 빠른 성능을 자랑하는 D-웨이브2는 이 슈퍼컴퓨터보다 약 3,600배 빠릅니다. 여러분 집의 컴퓨터보다 2억 배 이상 빠른 셈입니다.

과학의 힘으로 발전한 컴퓨터의 성능은 다시 과학에게 힘을 보태고 있습니다. 이미 여러 영역에서 슈퍼컴퓨터 대신 양자컴퓨터를 도입해 더 빠르게 정보를 처리하고 있습니다. 특히 우주과학과 물리과학에서 독보적인 실력을 드러냈는데 1년 이상 걸리는 연구를 양자컴퓨터를 통해 3주 미만으로 단축하기도 했습니다. 컴퓨터와 과학이 서로 도우며 발전하고 있는 모습입니다.

수학을 위해 고안된 컴퓨터

양자컴퓨터처럼 과학이 컴퓨터에게 큰 도움을 주고 컴퓨터도 과학에게 큰 도움을 주고 있지만, 컴퓨터는 수학과도 굉장히 밀접한 관계에 있습니다. 현대의 컴퓨터는 영국의 수학자인 앨런 튜링이 만든 튜링머신에 바탕을 두고 만들어졌습니다.

수학자이자 암호학자인 앨런 튜링은 제2차 세계대전이 일어난 시기에 독일군의 암호 해독을 위해 사용할 계산기를 만들고자 이 장치를 고안했습니다. 앨런 튜링의 학창 시절에 그를 가르쳤던 폰 노이만이 튜링머신의 문제점을 해결하고 저장 장치 등을 추가해 만들어낸 '폰 노이만 구조' 를 통해 지금의 컴퓨터가 발전할 수 있었습니다.

컴퓨터가 해결한 수학 문제

"세계 지도를 네 개의 색만으로 모두 칠할 수 있을까?"라는 질문을 들어본 적 있나요? 언뜻 보면 쉽게 답이 나올 질문처럼 보이지만 이 문제는 약 120년 동안 명확한 답을 찾지 못한 채 헤매다 1976년 컴퓨 터를 통해 해결됐습니다. 당시의 컴퓨터 두 대를 이용해 50여 일 동안 계 산해 찾아낸 결과입니다.

컴퓨터가 해결한 최초의 수학 문제 '4색 정리'

전 세계에는 수많은 지도가 있고, 각 나라와 각 지역마다 세부적인 지역을 보여주는 지도가 존재합니다. 최초의 간단한 질문 속엔 "어떠한 모양의 지도라도 네 개의 색만으로 모두 색칠할 수 있을까?"라는 내용이 들어 있습니다. 이 질문에 120년이란 기나긴 시간 동안 답을 찾지 못한 것은 사실 지도로 표현 가능한 영역이 너무나 다양하기 때문입니다. 새로운 지도가 나타날 때마다 매번 사람이 일일이 증명해야 하는 답변은 오답일 가능성이 존재하기 때문입니다.

'4색 정리'라고 불리는 이 문제는 컴퓨터가 해결한 최초의 수학 문제로 널리 알려져 있습니다. 총 633가지 경우의 수를 컴퓨터에 입력해 모든 경우의 수에 4색으로 표현 가능한지를 판단하는 방식으로 이를 해결했습니다. 사람이 직접 세보는 것보다 정확하고 더 빠른 이 방식은 수학자들에게 '아름답지 못한 증명'이라며 욕먹었지만, 결과적으로 수학의 발전에 도움을 주었습니다. 이 증명을 통해 위치와 형상에 대한 공간의 성질을 연구하는 위상수학의 여러 이론이 발전했고, 많은 수학자가 컴퓨터를 통해 증명을 검증할 수 있도록 발판을 제공했습니다.

_____ **컴퓨터와 수학이 만난 문제**

4색 정리처럼 컴퓨터가 수학적 문제를 해결하기도 했지만, 새로운 수학적 문제를 만들어내기도 했습니다. 대표적인 문제가 'P-NP'문제입니다.

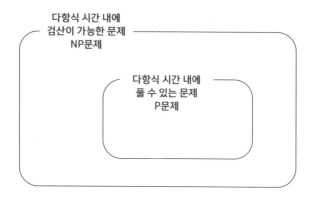

다항식 시간 내에
검산이 가능한 문제
NP문제

다항식 시간 내에
풀 수 있는 문제
P문제

평소 수학에 많은 관심을 가졌던 학생들이라면 '밀레니엄 문제'라는 이름의 일곱 개 문제를 들어본 적이 있을 것입니다. 이 문제들에는 한 문제당 10억 원에 가까운 엄청난 상금이 걸려 있는데, 아직까지 일곱 개 가운데 단 한 개의 문제만 해결된 수학의 난제들입니다. 앞서 언급한 P-NP문제가 바로 이 밀레니엄 문제 가운데 한 가지입니다. 여기서 P-NP문제를 간단히 알려드릴 테니, 언젠가 여러분이 상금의 주인공이 되길 기대해봅니다.

일반적으로 컴퓨터가 해결할 수 있는 문제를 'P문제'라고 합니다. 컴퓨터가 문제를 해결하기 위해서 수행하는 계산의 횟수가 다항식으로 표현 가능한 문제들을 P문제라고 부릅니다. 예를 들어, 숫자 100개 중 가장 작은 값을 찾는 문제들이 P문제에 해당합니다. 좀 더 수학적으로 이야기하면 P문제는 문제의 해답을 찾기 위해 걸리는 시간이 다항식(Polynomial)으로 표현이 가능한 문제입니다. 100개 중 가장 작은 값을 찾기 위해선 단순히 99번의 연산, 즉 (100-1)번의 계산으로 가능하지요.

반대로 'NP문제'는 계산을 해서는 도저히 얼마나 걸릴지 예상이 안 되지만, 답이 맞았는지 틀렸는지에 대해서 판단하는 것은 예상이 가능한 문제를 말합니다. 예를 들어, '한붓그리기'* 같은 것들이 여기에 해당합니다. 한붓그리기를 푸는 것은 어렵지만, 맞는 답인지 아닌지는 쉽게 판단할 수 있습니다.

> * 한붓그리기 붓을 한 번도 종이에서 떼지 않고 같은 곳을 두 번 지나지 않으면서 어떤 도형을 그릴 수 있느냐 하는 문제. 스위스의 수학자 오일러의 정리를 이용하면 쉽게 풀 수 있다.

P-NP문제는 모든 NP문제가 P문제인지에 대한 질문입니다. 주어진 문제가 NP문제라면, 이 문제가 P문제이기도 하냐는 것이지요. 이 문제가 왜 컴퓨터와 연관되어 있을까요? 모든 P문제는 컴퓨터가 해결 가능한 문제입니다. 정해진 시간 안에 해결이 가능한 문제이니 컴퓨터에 계산식만 넣어주면 되기 때문입니다. 반대로 P문제가 아니라면 컴퓨터가 해결할 수 없습니다. 어떤 계산식으로 문제를 해결해야 하는지 알 수 없거나 또는 너무 오랜 시간이 소요되기 때문입니다.

P-NP문제가 컴퓨터와 밀접한 이유는, 컴퓨터가 해결 가능한 문제의 범위가 달라지기 때문입니다. 만약 모든 NP문제가 P문제라면, 모든 NP문제는 컴퓨터로 해결이 가능한 문제이고, '아직 인류가 그 문제의 올바른 계산법을 모르는 것이다.'라고 정리되기 때문입니다. 그렇게 된다면 컴퓨터를 통해서 어려운 문제들을 계산하는 방법을 모두 알아낼 수 있게 됩니다. 흔히 알려진 근의 공식처럼 어려운 문제의 쉬운 해법들이 컴퓨터를 통해서 만들어지게 될 수 있을지도 모릅니다.

컴퓨터와 더 친해지려면

　　지금까지 이야기를 통해 컴퓨터가 과학과 수학에 얼마나 많은 영향을 주고받고 있는지 확인하셨나요? 컴퓨터가 성장해온 길에는 수많은 과학적 발전과 수학적 발견이 있었습니다. 그만큼 컴퓨터와 두 학문은 밀접한 관계에 있습니다. 컴퓨터를 잘 이해하기 위해 컴퓨터에 대한 공부뿐 아니라 과학 그리고 수학에 대한 공부도 무시할 수 없는 이유입니다. 컴퓨터를 잘하기 위해서 단순히 프로그래밍 언어만 배운다면 내가 만들고 싶은 프로그램을 만들지 못할 수도 있습니다.

　미래에 프로그래머가 되고 싶은 학생들에게 프로그래머들이 자주 받는 질문이 하나 있습니다.

　"재밌는 게임을 만들고 싶은데 프로그래밍 언어를 열심히 공부하면 될까요?"

　질문을 받은 프로그래머가 항상 대답하는 답은 "아니오."입니다. 뒤를 잇는 답변은 "우선 수학 공부를 열심히 하세요."입니다. 이 질문에 대해 게임 프로그래머뿐 아니라 다른 분야의 프로그래머도 아마 같은 답변을 할 것입니다. 물론 과학도 마찬가지입니다.

　컴퓨터와 대화하는 것, 즉 프로그래밍 언어를 작성하는 일은 이 세상에 존재하는 무언가를 컴퓨터에게 전달하는 일입니다. 그 무언가를 설명하기 위해선, 수학적 사고와 과학적 근거를 컴퓨터에게 같이 전달해줘야 합니다. 예컨대, 여러분이 길을 가다가 넘어진다면 중력, 가속도, 물체의 탄성 등 다양한 수학적, 과학적 지식을 통해 원인과 결과를 설명할 수 있습니다. 그런데 프로그래밍 언어를 알더라도 이러한 지식을 갖추지 못한다면 컴퓨터가 내 말을 온전히 이해하지 못하게 됩니다.

가장 중요한 것은 일상 속에서 일어난 일들을 하루에 한 번씩 수학, 과학을 이용해 설명하려고 시도해보는 습관입니다. 습관으로 다져진 이 경험이 프로그래머가 된 이후에 정말 큰 힘이 될 것입니다. 그러한 경험들이 쌓여 다양한 현실 속 일들을 컴퓨터에게 전달할 수 있게 된다면, 여러분 스스로 이제껏 보지 못했던 새로운 세상을 만들고 이끌어나갈 수 있을 것입니다.

이용길

IT 아웃소싱 플랫폼 '위시켓' 개발 이사로 재직 중이다.

08

열려라 참깨가
양자 암호를 넘기까지

이주희

아침에 눈을 뜨자마자 아빠가 틀어놓은 스마트TV로 뉴스를 보면서 스마트폰으로 단체 톡을 확인합니다. 엄마가 차려주신 아침식사를 하는 동안에도 한 손에 쥔 스마트폰으로 문자와 알림장, 미세 먼지 농도를 확인합니다. 오늘 수업시간에 발표할 자료를 모둠 아이들에게 이메일로 보내고선 우리 반 클라우드 폴더에 자료를 업로드한 다음 등굣길에 나섭니다. 2018년 10월의 어느 날, 한 평범한 중학생의 아침 일과입니다.

당신의 모든 것이 해킹되는 시간, 단 30초

언제부턴가 이런 개인적인 일상이 왠지 찜찜하고 불안하게 느껴집니다. 내가 보고 있는 저 스마트TV로 다른 누군가가 나를 지켜보고 있는 건 아닌지, 내가 받은 문자가 스팸문자는 아닌지, 혹시 바이러스가 심어진 이메일을 클릭한 적은 없는지, 클라우드에 올린 발표자료가 해킹돼 없어지거나 변경되지는 않았는지 끊임없이 의심합니다.

2017년 6월, 국내 최대 규모의 가상화폐 거래소가 해킹돼 금전적인 피해와 함께 개인정보가 유출된 것을 시작으로, 계속해서 여러 회사의 홈페이지가 해킹돼 사용자의 개인정보가 유출되는 사례가 빈번히 발생하고 있습니다. 조사 결과, 자사에 지원한 이력서로 속인 악성코드가 심어진 메일을 회사 임원이 열어본 행동이 이 같은 결과를 낳게 된 것입니다.

해킹 가운데 가장 흔한 예는, 최근 개봉한 영화 〈오션스 8〉에서처럼 특정 기업의 전산망을 해킹해 CCTV를 마음대로 조작하는 방식입니다. 그런데 이렇게 영화에서나 봤을 법한 일들이 우리 주변에 실제로 일어나고 있습니다. 현재 국내의 주요 공공기관에서 발생하는 해킹 시도 건수는 1초에 16건, 하루 평균 약 140만 건 정도라고 합니다.

2017년 11월에 방영된 EBS 프로그램 〈과학 다큐 비욘드-해킹, 30초 전〉에 이런 이야기가 등장합니다. 켜져 있던 노트북 카메라로 한 여자의 집을 들여다보던 의문의 한 남자가 집 안에 아무도 없게 되자, 커피메이커와 오븐을 작동시키고 해킹한 스마트폰으로 개인정보를 유출해 개인 계좌에서 현금을 인출한 뒤 급기야 집에 불을 지릅니다. 이 영상은 실현

가능한 일을 재현한 것입니다. 실제로 방송에서는 해커와 함께 모의 해킹 실험을 통해 금융정보를 탈취하고 노트북 카메라를 실행시키는 모습을 보여주었습니다. 여기엔 단 30초의 시간이 걸렸을 뿐입니다. 이 실험은 카메라가 탑재된 모든 기기를 통해 누구나 실시간으로 모니터링이 가능하며, 다시 말해 우리가 어디서 무엇을 하고 있는지 해킹을 통해 다 확인할 수 있다는 것을 증명해 보였습니다.

이밖에도 해킹을 통해 인터넷에 연결된 스마트카의 브레이크 작동을 멈추고, 속도도 마음대로 조절할 수 있습니다. 의료기기를 해킹한다면 원격으로 사람의 생명까지 위협할 수 있게 됩니다. 만약 이런 사건들이 일어난다면 개인의 문제를 넘어서 전 세계를 대혼란에 빠뜨리게 할 심각한 사회현상이 될 수 있습니다. 예를 들어, 사용자의 시스템에 있는 그림파일이나 문서를 암호화해놓고 이를 해지해주는 대가로 비용을 청구하는 랜섬웨어의 대규모 공격으로 국가의 전력망이 공격당한다면 온 국민이 전기를 사용하지 못하고 어둠 속에서 두려움에 떨게 될지도 모릅니다.

분야	내용
스마트TV	2013년 8월 미국 라스베이거스에서 스마트TV에 탑재된 카메라를 해킹해 사생활 영상을 유출하는 시연이 열렸다. 인터넷에 연결된 가정기기의 보안 취약성이 노출됐다.
스마트가전	2014년 9월 서울 'ISEC(국제 사이버 시큐리티 컨퍼런스) 2014'에서 블랙펄시큐리티는 로봇청소기의 원격 조종에 필요한 앱의 인증방식 취약점과 로봇청소기에 연결되는 AP의 보안 설정상의 취약점 등을 이용해 해킹을 시연했다. 로봇청소기에 탑재된 카메라로 실시간 모니터링이 가능하다는 것을 보여줬다.
공유기	2014년 3월 보안컨설팅 업체 팀 킴루(Team Cymru)는 해커들이 디링크(D-Link), 텐다(Tenda), 마이크로넷(Micronet), 티피링크(TP-Link) 등이 제조한 약 30만 개의 공유기를 해킹했다고 경고했다.
스마트카	2015년 7월 미국의 화이트해커 찰리 밀러와 크리스 발라섹이 지프차 '체로키'를 원격 모의해킹한 사실을 IT 전문지 《와이어드(Wired)》를 통해 밝혔다. 해킹을 통해 와이퍼를 움직이고, 브레이크 작동을 멈추고, 속도를 줄이는 모습을 선보여, 보안 취약점이 있는 차량 140만 대를 리콜하도록 만들었다.
교통	보안업체 아이오엑티브 랩스(IOActive Labs)가 센시스 네트웍스(Sensys Networks)의 도로차량 감지기술을 조사한 결과, 광범위한 설계 및 보안 결함을 발견했다. 특히 공격자는 센서를 가장해 교통관리 시스템에 위조 데이터를 전송하거나 신호등 같은 주요 인프라를 통제할 수 있었다.
의료기기	2016년 8월 국내의 연구진이 정보보호 학술지 《유즈닉스 우트(UsenixWoot) 2016》에 발표한 논문에 따르면, 적외선 레이저로 약물주입기 센서를 해킹하고 오작동을 유발시킬 수 있다고 한다.

도처의 다양한 기기들과 인터넷을 통해 나의 중요한 개인정보들이 과다하게 노출되는 요즘 같은 시대에, 우리가 무엇을 안전하다고 믿을 수 있을 것인가는 중요한 문제입니다. 최근 들어 실제를 직접 확인할 수 없는 인터넷 통신 시스템 속에서 발생 가능한 다양한 해킹 위협 상황들이 점점 늘고 있습니다. 이때 우리의 정보가 노출되지 않을 것이라고 신뢰

할 수 있는 근간이 바로 이 시스템 속에서 작동하고 있는 '암호 기술'입니다. 수명 주기가 짧은 보안 기술과 달리, 암호 기술은 수명 주기가 길고 근본적인 해결책을 제공합니다. 이에 위협 상황이 발생하기 전에 주요 암호 기법들을 이용하면 정보보호 서비스가 가능해집니다.

─── 전쟁과 평화 사이에서 피어난 암호의 세계

암호 기술은 환경 변화와 같은 새로운 요구사항이 등장하거나, 기존 암호 기술의 취약점이 발견되면 문제를 해결하기 위해 개발됩니다. 그 후 학회나 관련 저널을 통해 발표된 뒤 관련자들이 함께 논의하면서 암호 기술의 성숙 기간을 갖습니다.

매년 8월 미국 산타바바라에 위치한 캘리포니아대학교에서 암호학회 크립토(Crypto)가 열립니다. 1981년에 처음 시작된 크립토는 그다음 해에도 개최됐는데, 짧은 기간 동안 너무 많은 관련 회의가 열리자 조정이 필요하다는 의견들이 생겨났습니다. 이에 그해 크립토 주최자 데이비드 차움(David Chaum)이 주도해 암호 연구를 위한 국제암호연구회(IACR)를 조직했습니다. 이후 당시 그가 학생을 가르치던 장소인 산타바바라에서 국제암호연구회의 후원을 받은 첫 번째 크립토가 1983년에 개최됐습니다. 국제암호연구회는 매년 같은 시기에 진행되는 크립토를 포함해, 세계 3대 암호학회인 유로크립트(Eurocrypt), 아시아크립트(Asiacrypt)를 주관하고 있습니다. 이런 과정을 통해서 암호 기술이 성숙되면 공개 라이브러리 개발 등으로 표준화 및 보급 과정을 거칩니다.

암호는 인류의 수천 년 역사 속에서 전쟁 가운데 평화를 지켜내는, 보이지 않지만 중요한 수단이었습니다. 적의 중요한 정보를 가로채거나, 우리의 귀중한 비밀이 누설되지 않도록 지키는 방법의 발전이 바로 암호의 역사입니다. 그 옛날 전쟁 중에 적이 바로 앞에 있는데, 적들을 피해서 우리 군에게 비밀문서를 전달하고 싶다면 어떤 방법을 사용했을까요? 비둘기 같은 전서구를 날려서 소식을 전하는 방법은 어떨까요? 그런데 이때 적에게 비둘기가 잡혀서 문서를 빼앗길 수도 있고, 아니면 적군에 의해 조작된 문서가 아군에게 전달될 수도 있습니다. 그렇다면 전달된 메시지가 안전하고 정확한 것인지를 어떻게 알 수 있을까요? 이러한 문제를 '비잔티움 장군 문제'*라고 합니다.

이렇듯 암호는 중요한 정보를 다른 사람들이 보지 못하도록 지켜내는 방법으로, 이 때문에 암호를 만드는 사람들과 이를 해독하려는 사람들을 동시에 양성하게 되었습니다. 이들 간의 보이지 않는 꾸준한 전쟁의 반복으로 암호 기술의 발전을 이뤄가고 있는 것이죠.

이제부터 지금까지 암호가 어떤 역사와 모습으로 존재했는지 살펴보도록 하겠습니다.

* 비잔티움 장군 문제 사용자가 악의적으로 데이터를 변경할 경우 시스템에 치명적인 오류가 발생할 수 있다는 문제를 제기한 것으로, 가상화폐로 대표되는 블록체인 기술의 알고리즘이 이를 해결했다.

맨머리에 암호를 숨겨라

　　일반적으로 암호는 큰 역사적 전환점을 기준 삼아 고대 암호, 근대 암호, 현대 암호로 구분됩니다. 1920년대 1·2차 세계대전의 무선통신 기술과 1970년대 컴퓨터의 활발한 사용에 따른 암호 기술의 비

암호의 역사

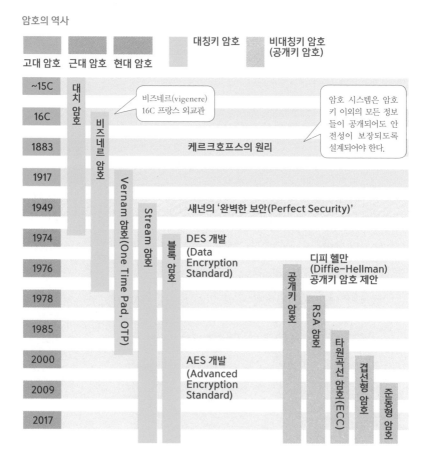

약적인 발전을 전환점의 기준으로 둡니다.

　고대 암호의 예 가운데에는 재밌는 일화가 많습니다. 종이가 귀했던 당시에는 이를 대신해 맨머리에 암호를 적는 경우도 있었습니다. 우선 암호를 전달할 군사의 머리카락을 모두 밀어서 맨머리에다 메시지를 새긴 다음 머리카락이 다시 자라 이를 덮을 때까지 기다렸다가 아군에게 보냈습니다. 적을 피해 무사히 자기 진영에 도착한 군사는 다시 머리카락을 다 밀어서 머리에 새긴 메시지를 전달했다고 합니다.

친구에게 암호화 문자 보내는 방법

　　현대에 들어 암호의 비약적인 발전이 이뤄지자 암호화 및 복호화에 사용되는 키의 성격에 따라 세대별 암호로 구분하기도 합니다. 여기서 암호화란, 정보의 보안을 위해 평문을 제3자가 이해하기 곤란한 형식으로 변환하거나 암호문을 판독 가능한 형식으로 변환하는 원리나 수단, 방법 등을 다루는 기술을 말합니다. 평문이란, 전달하고자 하는 정보를 담고 있는 숫자, 문자, 기호 등의 조합을 말합니다.

　예를 들어, 마음에 드는 친구에게 문자로 "앞으로 우리 친하게 지내자."라는 메시지를 전달하고 싶다고 칩시다. 그런데 혹시 메시지를 다른 사람이 엿볼까 싶은 생각에 낙서처럼 보이려고 "앞차으차로차 우차리차 친차하차계차 지차내차자차."라는 변형된 문자를 보냈다고 해보죠. 이 문자가 얼핏 다른 사람에게 노출되었을 땐 장난친 건가 하는 생각을 불러일으킬 만큼 원래 메시지를 감출 수 있는 의미 없는 문자열이 됩니다. 이런 종류의 변환을 일종의 '암호화'라 할 수 있고, 변환된 문자열을 '암호문'이라고 할 수 있습니다. 그럼 이 암호문을 '복호화'하려면 어떻게 해야 할까요? 문자를 보낸 뒤 그 친구에게 모든 글씨에서 '차'를 빼고 다시 읽어보라는 힌트를 주면 그 친구는 "앞으로 우리 친하게 지내사."라는 문자를 확인할 수 있습니다. 이렇게 원래의 읽을 수 있는 문장으로 변환하는 과정을 복호화라고 합니다. 이 과정에서 필요한 '차'라는 힌트가 바로 '키(key)'라고 할 수 있습니다.

이 같은 키는 암호에서 아주 중요한 역할을 합니다. 암호의 안전성은 바로 이 키를 통해 결정됩니다. 키를 제외한 시스템의 다른 모든 내용이 알려지더라도 암호 시스템은 안전해야 한다는 케르크호프스의 원리(Kerckhoffs's Principle)가 있을 만큼 키의 중요성은 암호 전문가 모두가 인정하는 바입니다. 이 원리를 정보이론의 아버지라 불리는 클로드 섀넌(Claude Shannon)은 "적은 시스템을 알고 있다(The enemy knows the system)"라는 말로 달리 표현한 바 있습니다.

이 키의 형태에 따라 암호는 두 가지 방식으로 구분됩니다. 앞서 예로 든 것처럼 '차'라는 키를 암호화와 복호화 과정에 동일하게 사용한다면, 즉 암호화키와 복호화키가 동일한 경우를 비밀키 시스템 혹은 대칭키 시스템이라고 합니다. 반면, 암호화키와 복호화키를 다르게 사용하는 경우를 공개키 시스템 혹은 비대칭키 시스템이라고 합니다. 이 두 가지 방식에 대해서는 뒤에서 다시 살펴보기로 하죠.

　'열려라 참깨' 같은 패스워드 시스템으로 대표되는 1세대 암호는 사용자를 인증하고 개인정보에 대한 접근을 허용하는 시스템입니다. 여러분은 이메일에 로그인할 때 어떤 방식을 사용하나요? 아마도 아이디 혹은 이메일 주소를 입력하고 비밀번호를 입력하는 방식이 일반적일 겁니다. 이때 입력한 아이디 혹은 이메일 주소는 나를 대표하는 숫자 혹은 기호이며, 비밀번호는 나임을 인증하는 증표라 할 수 있습니다. 이런 시스템을 패스워드 시스템이라고 합니다. 이런 패스워드 시스템에서는 앞에서 살펴본 것처럼 임의의 평문에 대한 정보를 보호하기 위해 평

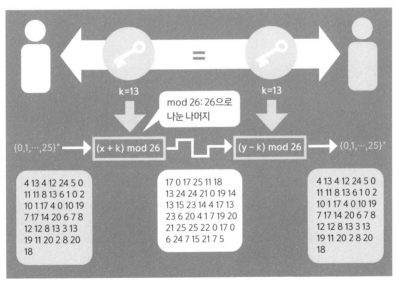

2세대 암호, 대칭키 암호의 예

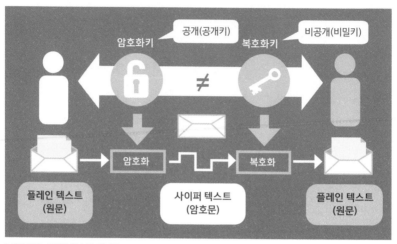

3세대 암호, 공개키 암호의 개념도

문을 제3자가 이해하기 곤란한 형식으로 변환하는 암호화 과정을 수행하지 않습니다. 이처럼 임의의 평문으로 암호문을 만들어낼 수 없다는 면에서, 일반적인 현대의 암호 시스템이라고 인식하지 않습니다.

2세대 암호인 대칭키 암호는 암호화키와 복호화키가 똑같은 시스템입니다. 주로 군사 및 외교적 안보를 목적으로 비밀리에 두 사람이 미리 만나 같은 키를 나눠 가져야 한다는 가정이 있어야 하죠.

인터넷의 발전과 함께 상업적 이용을 목적으로, 미리 키를 공유하지 않고도 안전하게 통신할 수 있는 공개키 암호 시스템이 3세대 암호입니다. 2세대 암호와 달리 암호화키와 복호화키가 다르고 암호화키가 공개돼 있으므로 누구나 정보를 암호화해서 보낼 수 있는 장점이 있습니다.

또한 암호화키가 공개돼야 하므로 암호화키로부터 복호화키를 구할 수 없습니다. 복호화는 복호화키를 가져야만 할 수 있는 것입니다. 수학

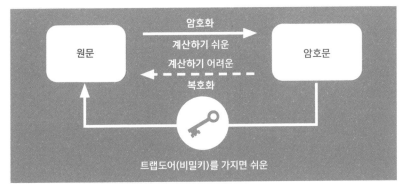

암호화
계산하기 쉬운

원문

암호문

계산하기 어려운
복호화

트랩도어(비밀키)를 가지면 쉬운

공개키 암호 시스템에 새롭게 도입된 개념

에서 연구되는 소수 이론, 인수분해 문제, 이산대수 문제 등이 이런 공개키 암호 시스템을 가능하게 만들었습니다.

　최근 연구되고 있는 4세대 암호는 암호화된 상태에서도 평문 간의 연산이 가능한 암호입니다. 클라우드에서는 복호화된 데이터가 임시로 저장되거나 작업 도중에 유출될 수 있기 때문에, 일반적인 암호 기법 사용은 클라우드 서비스에서 위협적인 요소가 많습니다. 특히 구글 클라우드, 아이클라우드, 드롭박스 등 퍼블릭 클라우드 서비스에서는 개인정보 같은 민감한 데이터를 가지고 있는 만큼 복호화하지 않고 연산을 수행해야 합니다. 암호문 그대로 계산해야 하는 필요성이 늘어남에 따라 연구가 더욱 활발해지고 있습니다.

현대 암호는 정말 안전할까?

    현재까지 암호의 안전성에는 가정이 필요합니다. 즉, 엄청 어려운 어떤 수학 문제의 어려움으로 암호를 만들면 안전하다고 보는 것이죠. 예를 들어, RSA 암호의 안전성은 소인수분해의 어려움에 기반을 둡니다. 소인수분해의 어려움은 수학에서 소수의 구조 및 성질을 근거로 합니다. 이 근거를 기반으로 현재까지 알려진 가장 효율적인 알고리즘을 컴퓨터로 계산을 돌려보면, 대략 소수의 크기에 대해 지수함수에 비례한 시간이 소요되므로 계산하기 어렵다는 답을 얻게 됩니다.

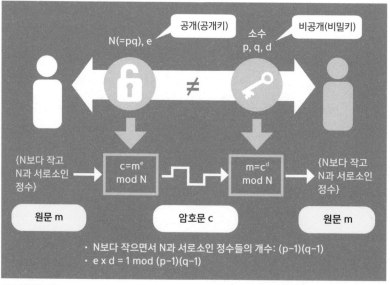

RSA 암호화 이론

간단한 예로 1,000자리 수를 계산해보면 1,000억 년 정도의 시간이 소요되기에 RSA 암호는 안전하다고 믿는 것이죠. 또 컴퓨터를 통한 계산 기술의 발전에 대비해 키의 길이를 지속적으로 늘려가고 있는데, 현재 국내에서 발표한 안전한 RSA 암호의 키 길이는 2,048비트라고 합니다. 2,048자리의 수를 계산하려면 어느 정도 시간이 필요할지 예상이 되나요? 이렇듯 계속해서 발전을 거듭하고 있는 암호 기법은 실생활 속에 스며들어 우리의 소중한 정보를 보호해주고 있습니다.

퀀텀과 포스트 퀀텀

1994년 MIT 응용수학과 교수 피터 쇼어(Peter Shor)는 소인수분해를 빠르게 처리할 수 있는 양자 알고리즘을 제안했습니다. 이 제안은 양자컴퓨터를 이용한 소인수분해 알고리즘 개발로 이어집니다. 양자컴퓨터는 1982년 리처드 파인만에 의해 처음 제안되었는데, 컴퓨터에 양자역학을 이용한 논리연산법*을 적용했습니다. 다음 페이지의 표에서 확인할 수 있는 양자컴퓨터의 성질을 이용하면 데이터베이스의 검색 혹은 인수분해 등의 특정 문제를 기존 컴퓨터보다 빠르게 처리할 수 있습니다.

* 논리연산법 명제를 기호화해 논리적인 명제의 참과 거짓 관계를 연산 형식으로 다루는 방식.

이를 활용하면 양자 푸리에 변환(Fourier transform)*을 통해 소인수분해를 푸는 시간을 다항식 시간으로 단축할 수 있습니다. 앞서 언급한 1,000자리 수 계산을 위

* 푸리에 변환 시간에 대한 함수를 함수를 구성하고 있는 주파수 성분으로 분해하는 작업. 악보에 코드를 표시할 때, 주파수 혹은 음높이로 표현되는 것과 유사하다.

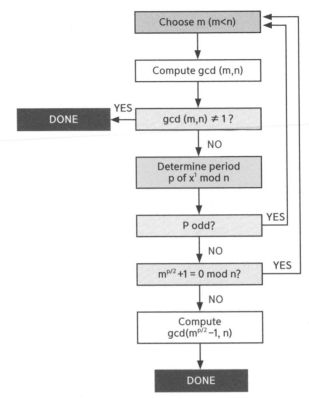

쇼어 알고리즘

해 1,000억 년이 걸리는 지수함수에 비한다면, 엄청난 시간 단축을 이룬 것입니다. 최근 캐나다의 디웨이브 시스템즈라는 회사는 특정 모델의 양자컴퓨터, 즉 양자 시뮬레이터 개발에 성공했다고 발표했습니다. 구글에서는 이 회사의 '디웨이브 2X'라는 시뮬레이터를 도입해 기계학습 및 음성인식 등을 위한 데이터 분석에 사용하고 있습니다. 이밖에 IBM은 유니버설 양자컴퓨터의 클라우드 서비스를 시작했습니다. IBM과 구글은 현존하는 슈퍼컴퓨터의 기능을 뛰어넘는 수준의 동시 계산량을 가지는 양자컴퓨터를 2017년에 공개했습니다.

이처럼 양자컴퓨터 시대가 가까워지면서 이에 적합한 암호 기술 적용 또한 필요하게 되었습니다. 양자 암호는 불확정성의 원리를 응용한 암호 방식입니다. 이 방식은 양자 상태의 물질을 관찰하게 되면 그 물질은 복구 불가능한 상태로 변화하게 되는 기본 원리를 이용한 물리의 기본 법칙에 기반을 두고 안전성을 보장하는 양자 키 분배(Quantum Key Distribution, QKD)를 가능하게 합니다. 암호에서 중요하게 생각하는 '위조', '도청' 이런 문제들이 발생하는 상황이 염려되는데, 이 양자 키 분배에서

개념	의미	개념	의미
중첩	두 개의 성질을 동시에 갖는 특징으로 Digital의 0과 1이 동시에 표현될 수 있음	복제 불가	측정에 의해 중첩된 형상이 깨어지고 다시 그 상태로 만들 수 없음
얽힘	두 개의 양자는 특별한 처리를 통해 얽힌 상태로 만들 수 있으며, 이 상태의 양자는 아무리 멀리 있어도 한쪽의 동작에 따라 반대쪽의 동작이 예측 가능함		
순간 이동	(Bell Measurement) 양자의 순간이동을 통해 다른 공간으로 보낼 수 있으며, 양자레벨에서 순간이동은 143km 떨어진 구간까지 보낼 수 있음(EU, 중국)		

SKT 곽승환, 「Quantum Information and Processing 기술현황」, 2016. 01. 12.

'도청'이라는 문제가 발생되었는지를 알 수 있으려면 키 교환이 다 이루어진 후에 오류 확인을 통해 알 수 있습니다. 이런 문제점 때문에 정보 교환이 주목적인 암호보다는 주로 키 분배에 응용이 됩니다. 만일 이 알고리즘이 실제로 구현된다면 계산적 안전성*에 근거하는 공개키 암호의 안전성은 보장될 수 없습니다.

* 계산적 안전성 암호 시스템을 공격하기 위해 필요한 계산량이 매우 커 현실적으로 공격할 수 없는 경우를 계산적으로 안전하다라고 한다.

▃▃▃ 검색에 최적화된 알고리즘

1996년 로브 그로버(Lov Grover)에 의해 개발된 그로버 알고리즘은 검색에 있어 가장 최적화된 알고리즘입니다. 예를 들어, 일반적인 컴퓨터로 100개의 원소 중 하나를 찾기 위해, 다시 말해 결과를 검색하기 위해 100시간이 든다고 가정해봅시다.* 그런데 그로버 알고리즘이라는 최적화된 검색 알고리즘을 이용해 검색하면 10시간 만에 원하는 원소를 찾을 수 있다

* 실제로는 특정 개수의 알고리즘을 검색하는 데 필요한 알고리즘의 계산량을 표현하는 방법으로 빅오노테이션(big oh notation, O-표시법)을 이용한다.

고 합니다. 주로 데이터베이스 검색에 활용하지만, 일반적인 검색 상황에도 응용할 수 있다고 합니다. 이때의 계산량은 N개의 데이터에 대해 $\sqrt{N}$이라고 표현됩니다. 이렇게 컴퓨터를 이용한 계산에 필요한 시간이 그로버 알고리즘의 개발로 엄청나게 단축되어 효율적인 계산이 가능하게 되면서, 대칭키의 경우에는 키 길이를 증가시켜야 하고, 해시함수(Hash Function)의 경우도 출력 길이의 증가가 필요하게 됩니다. 해시함수는 하나의 문자열을 좀 더 빨리 찾을 수 있도록 주소에 직접 접근이 가능한

짧은 길이의 값이나 키로 변환하는 알고리즘을 수식으로 표현한 것입니다. 이 알고리즘이 실제로 구현된다면, 암호화나 복호화에 같은 키를 사용하는 알고리즘인 현재의 대칭키 안전성을 더 이상 보장할 수 없게 됩니다. 미국 국립표준기술연구소(NIST)는 이와 관련된 결과를 2016년 4월에 발표했습니다.

양자컴퓨터 개발이 가속화됨에 따라, 미국국가안보국(NSA)에서는 기존 128비트나 256비트 키 길이를 가지는 'Suite B' 암호화 알고리즘 집합을 'PQC(Post-Quantum Cryptography, 후기 양자 암호학)'로 개정한다고 공지했습니다. 이에 따라 현재 공개키 암호 기반의 전자 서명과 키 교환 등 대체 가능한 PQC의 연구 동향을 파악해, 안전하고 효율적인 암호 개발을 해야 하는 것이 현재 암호학계에서의 가장 큰 이슈로 꼽힙니다.

곧 다가올 양자컴퓨터 출현에 대비한 PQC는 기존의 소인수분해나 이산대수 문제에 기반을 두지 않는, 새로운 수학적 어려움에 기반을 둔 암호를 대상으로 하고 있습니다. 아직까지 이 새로운 기반 문제의 안전성을 위협하는 양자 알고리즘이 개발되지 않아, 양자컴퓨터에 대응할 수 있는 안전한 암호 시스템이라 할 수 있습니다.

━━━━━ 미래 암호학의 새로운 출발점

현재는 각 PQC의 장단점을 부각하고 보완하는 과정을 거치며 연구가 진행 중입니다. 모든 학문 분야의 순환도 마찬가지겠지만

PQC 시스템 연구 과정을 살펴보다 보면, 과거에 제안된 암호가 형태를 조금 달리해서 현재의 암호가 되고, 미래를 맞이하는 암호로 발전하고 있습니다. 과거에 주목받지 못했던 암호 기술 및 기법들이 또 다른 활용 분야에서 주목받고 있습니다. 이처럼 암호의 세상은 과거이고 현재이면서 미래이기도 한 특별한 세상입니다.

대부분 암호학회를 통해 PQC에 대한 활발한 연구 진행 상황이 발표되고 있습니다. 동시에 미래를 대비하기 위해 표준화를 목표 삼아 전 세계 암호를 연구하는 연구자 그룹들은 현재 미국 국립표준기술연구소의 'PQC 표준화 계획'을 주목하고 있습니다.

PQC 표준화 계획은 2017년 11월 30일로 기한을 두고 전 세계 암호 연구자들에게서 PQC 표준화 관련 연구 결과들을 공개 모집했습니다. 현재 알려진 바로는 총 82편의 논문이 제출됐다고 합니다. 이후 제출된 논문을 바탕으로 다양한 공격들을 시도한 뒤 결과를 발표하는 식으로 후보들을 줄여나갑니다. 공개 모집된 후보군들을 공개 발표하는 자리를 2018년 4월에 가진 후, 계속해서 진행 중인 분석 결과를 공식적인 학회에서 발표하는 과정을 거듭합니다. 이런 방식을 통해 3~5년 안에 다섯 개 이내의 후보들이 추려지면 그들 중 최종 후보를 선정해 그 적합도를 분석한 뒤 표준화에 대한 초안을 갖추는 과정을 거쳐서 미국의 표준안이 발표됩니다. 이후 세계 각국의 암호 표준안도 여기에 영향을 받아 바뀌게 됩니다.

이렇게 새로운 암호의 표준을 만들어가는 여정이 시작됐습니다. 과연 어떤 암호 기술이 양자 계산 시대를 맞이해 양자컴퓨터에 대비한 미래의 암호 기술 표준이 될 것인가! 현재 암호학계가 가장 관심 갖는 사안일 것입니다.

─────── 암호를 공부하려는 이들에게

자 그럼, 암호를 공부하기 위해선 어떻게 해야 할지, 암호를 공부하면 앞으로 무슨 일을 할 수 있게 되는지 간략하게 알려드릴까 합니다.

먼저, 암호를 공부하기 위해서 준비해야 할 것들을 살펴보겠습니다. 앞서 언급한 것처럼 현대 암호는 수학적으로 어려운 문제에 의존해 설계하는 방식입니다. 그렇기에 수학과 관련된 공부를 열심히 하는 것이 첫 번째 준비가 될 수 있겠지요. 여기서 수학 공부란, 복잡한 계산만 뜻하는 것은 아닙니다. 물론 기본적인 연산이 수학 공부의 첫걸음이니 이 또한 중요합니다. 그러나 어느 정도 연산 실력을 갖춘 뒤에는 무엇보다 수학 자체의 원리에 관해 생각하는 시간을 많이 갖는 것이 필요합니다.

수학은 명확함과 단순함의 아름다움을 지닌 학문입니다. 우리가 익히 알고 있는 덧셈과 곱셈의 관계를 한번 떠올려봅시다. 곱셈은 구구단이란 엄청난 양의 공식으로 시작해 다양한 응용방법으로 활용되고 있으나, 사실 알고 보면 단순한 더하기의 반복으로 바꿔 생각할 수 있습니다. 이렇게 수학에서는 곱하기도 좋은 도구로 사용하기는 하지만, 곱셈의 기본이 되는 덧셈의 중요성을 더 강조합니다. 이렇게 그 원리를 파악해서 단순하게 정리해놓으면 복잡해 보이는 모든 것들이 아주 단순하게 정리되는 일이 많습니다. 이런 습관이 들다보면 조금 더 어려운 문제, 복잡한 문제를 대할 때 스스로 세분화해 간단히 정리하는 방식에 익숙해지게 되고, 이 같은 습관이 힘을 발휘해 불가능한 문제들도 불가능의 영역에서 어쩌면 가능 혹은 가능한 부분으로 영역이 바뀌어 해결할 수 있는 문제들이 되기도 합니다.

두 번째 준비는 컴퓨터와 친해지기입니다. 컴퓨터를 다루는 게 익숙해지다 보면, 머릿속에서 생각했던 것들을 시각화해서 볼 수 있기에 자연스레 좋은 기본기를 갖추게 될 것입니다. 최근 '암호', '보안' 이런 단어들을 자주 접해봤을 텐데요. 이 글의 시작점에서 설명한 것과 같이 암호와 보안은 아주 밀접하게 연결돼 있습니다. 그 큰 보안의 영역에서 수학과 관련된 암호 영역을 빼고 나면 다른 모든 부분이 반드시 컴퓨터를 활용해야만 하는 것입니다.

이른바 '해커'라고 불리는 사람들이 아주 꼭 필요한 요즘입니다. 악의를 가지고 남의 것을 공격하거나 뺏으려는 사람들로 일컬어지던 과거 해커의 모습과 달리, 최근에는 '화이트 해커', 즉 악의적인 해커의 활동에 미리 대비하기 위해 그 이상의 능력을 갖추고 미리 준비하는 사람들이 절실하게 필요합니다. 화이트 해커로 활동하려면 주로 컴퓨터의 구조 및 다양한 활용 능력이 우선시되니, 컴퓨터를 익숙하게 잘 다룰 줄 알아야 합니다. 이런 필수적인 준비과정 이외에는 사실 언제 어떤 이론 또는 현상들을 활용하게 될지 모릅니다. 그렇기에 독서를 기반으로 기본적인 공학에 대한 관심 및 지식 혹은 현상에 대한 호기심을 키우는 것이 매우 중요합니다. 이렇게 준비를 차근히 해나가면 미래에 암호 혹은 보안 전문가가 될 수 있습니다.

나날이 발전하는 과학 기술이 사회에 미치는 영향을 반영하듯 요즘 뉴스에서는 자율주행차, 로봇, 인공지능, IoT, 블록체인, 드론 등의 새로운 과학 기술 관련 기사가 자주 등장하고 있습니다. 그런데 이러한 새로운 기술이 등장할 때마다 늘 따라다니는 질문이 있습니다.

'이 기술은 과연 안전한가?'

인간의 편리한 삶을 위해 개발한 기술이 만약 안전을 보장할 수 없다면, 단순한 불편을 넘어서 우리를 위험에 빠뜨리게 하는 경우가 생길 수도 있습니다. 인간이 로봇에 지배당하는 미래의 부정적인 사회의 모습을 그린 SF 영화에서처럼 말이죠.

암호 및 보안 기술 전문가는 현재보다도 머지않은 미래에 훨씬 더 필요로 하는 직업군이 될 것입니다. 기술의 발전 속도가 급속도로 진척되는 만큼 앞으로 더 절실히 필요한 분야로 자리 잡을 것입니다. 그만큼 전망은 점점 더 밝아지겠지요. 이 글을 통해 이 분야에 관심이 생겼다면 일단 유튜브 영상이나 온라인 강의를 접해보세요. 작은 발걸음이 당신을 미래의 암호 전문가로 이끌 수 있을지 모릅니다.

이주희

이화여자대학교에서 암호학으로 박사학위를 취득했고, 국가수리과학연구소, 이화여자대학교 수리과학연구소에서 암호 관련 연구를 했다. 현재는 ARIST(Advanced Research Institute for Social Trust)에 소속되어 프라이버시 테크놀로지(Privacy Technology) 팀의 선임연구원으로 재직하고 있다. IoT, 드론, 머신 러닝, 블록체인 등과 같은 다양한 응용 분야에서 안전한 암호 관련 연구를 하고 있다. 수학의 중요성을 인지하고 있지만 체감하지 못하고 있는, '10월의 하늘'을 통해 만난 청소년들에게 수학이란 학문의 즐거움이 전해지기를 바란다.

09

재개발하면
살기 좋아지나요?

홍진규

자신이 사는 도시가 재개발된다고 하면 아마도 대부분의 사람은 더 좋아질 주거환경과 집값 상승 등을 꿈꾸며 이를 긍정적인 시선으로 바라볼 겁니다. 그렇다면 이런 질문은 어떤가요? 도시가 재개발되면 미세 먼지와 폭염이 줄어들까요? 재개발로 나무를 많이 심으면 공기가 깨끗해지고 살기 좋아질까요? 건물 옥상에 태양광 발전 설비를 만들면 지구 온난화 문제에 도움이 될까요? 도시 재개발로 전기사용료가 줄어들까요?

재개발이 과연 좋을까?

최근 어느 아파트 재건축에 관한 뉴스가 등장한 적이 있습니다. 지은 지 30년 정도 되는 아파트를 30층 이상의 고층 아파트로 재건축하자는 것인데, 재개발 비용이 무려 수조 원에 달한다고 합니다. 이런 천문학적 비용 때문인지 아파트 건설사와 지역 주민 사이의 갈등, 집값 상승에 대한 기대와 우려, 새로 짓는 아파트에 자리할 수영장 같은 고급 편의 시설에 관한 정보까지 많은 이야기가 생겨났습니다. 지금 사는 낡고 더러운 옛날 집이 깨끗한 새 건물로 바뀌고 주변에 각종 편의 시설이 생긴다면 얼마나 좋을까요? 더불어 주변에 울창한 숲으로 우거진 공원이 생긴다면 얼마나 좋을까요?

재개발의 빛과 어둠

우리나라는 세계에서 유래를 찾기 어려울 정도로 1970년대 이후 산업화 과정과 함께 급속한 도시화가 진행됐습니다. 잘살고 싶다는 우리의 욕망과 산업화에 따른 값싼 노동력의 수요와 공급이 맞아떨어지면서 많은 사람이 도시로 급속하게 이주했고, 이에 따른 도시 개발 신화가 생겨났지요. 하지만 도시 개발에서 소외된 도시 빈민들의 문제와 같이, 도시 개발이라는 말은 누군가에게는 기회를, 다른 누군가에게는 아픔으로 다가왔습니다.

과거와는 다르게 지금 우리는 삶의 질 또한 매우 소중한 가치로 생각합니다. 대규모 도시 개발은 이런 삶의 질을 높이기 위해서뿐만 아니라 자연재해에 맞서 우리의 생명과 재산을 보호하고, 지구 공동체를 살리기 위한 문제와 깊게 연관되어 있습니다. 우리가 지금 살아가는 21세기에는 인류가 겪어보지 못했던 극한 상황이 일어날 것이라고 많은 사람이 예상합니다. 인공지능의 발전으로 대표되는 기술의 발전도 그렇지만, 환경적 측면에서는 지구 온난화로 인한 폭염 및 가뭄의 발생과 생물의 멸종이 빠르게 진행되고 있고, 그 속도 또한 점차 빨라지고 있습니다. 2018년 여름에 찾아온 유례없는 폭염도 그 시작에 불과할지 모르겠습니다. 이런 상황에서 지구를 살기 좋게 되살리고, 미래의 후손들이 현재 우리의 이익 때문에 어려움을 겪지 않도록 만들어야 할 좋은 도시는 과연 어떤 모습이어야 할까 하는 질문은 과학자가 아니어도 누구나 한번쯤 생각해봐야 할 문제입니다.

지난 20세기 근대 산업화 시대에는 겉으로 보이는 건물들과 그로 인한 부동산 가격 상승이 도시를 개발해야 하는 중요한 이유였습니다. 그러나 우리가 현재 살고 있고 앞으로 살아가야 할 21세기는 급격한 환경 변화와 자연재해에 대비해 우리 도시가 어떤 모습을 갖춰야 할지 깊은 고민이 필요한 시기입니다. 저는 지금이 이 문제를 검토해야 할 아주 좋은 시점이라고 말하고 싶습니다.

도시는 우리 삶이 대부분 함께하는 곳으로, 도시 재개발 사업은 자연과학뿐만 아니라 사회경제적, 정치적, 공학적, 심리적, 예술적 측면을 고려해야 합니다. 지진이나 홍수에 안전한지, 미세 먼지는 적게 발생하는

지, 온실가스 배출은 적은지, 에너지를 효율적으로 사용하는지 등등 도시의 다양성과 복잡성만큼 다양한 측면을 생각해야 합니다. "재개발이 진행되면 집값이 오를까?"에 대한 관심과 함께 우리 다음 세대들도 살기 좋은 도시가 된다는 것은 어떤 의미에서 집의 가치를 크게 올리는 일이 되지 않을까요? 이런 질문은 어떤가요?

도시가 재개발되면 미세 먼지와 폭염이 줄어들까요?

재개발로 나무를 많이 심으면 공기가 깨끗해지고 살기 좋아질까요?

건물 옥상에 태양광 발전 설비를 만들면 지구 온난화 문제에 도움이 될까요?

도시 재개발로 전기사용료가 줄어들까요?

도시와 주변의 기후와 환경과의 영향을 연구하는 과학자로서, 지금부터 그동안 우리가 잘 몰랐던 도시 재개발이 우리 주변 환경에 미치는 영향과 그것이 다시 우리에게 미치는 영향에 대해 몇 가지 이야기해보려고 합니다. 모든 과학의 출발점은 의문에서 시작되듯이, 그동안 재개발되면 살기 좋아진다는 우리 마음속 생각에 의문을 던지는 것으로부터 시작하고자 합니다.

"재개발되면 정말 살기 좋아질까요?"

_____ **도시 그리고 복잡함**

우리나라의 대표 도시인 서울은 1394년 조선 왕조의 수도가

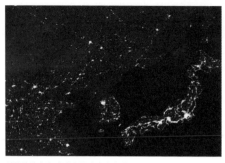

인공위성에서 바라본 동아시아의 밤

된 이후로, 1905년 24만 명이던 인구가 지금은 전 국토 면적의 0.6% 정도 불과한 지역에 천만 명이 살아가는 도시로 성장했습니다. 인공위성에서 바라본 서울을 비롯한 동아시아 도시의 밤은 반짝이는 불빛들로 가득 들어차 있습니다. 외국의 도시와 비교했을 때 우리나라 도시만의 특별함은 여러 곳에서 나타나는데, 그중의 하나가 '복잡함'입니다. 건물의 구조가 복잡하고, 건물의 기능도 복잡하며, 도시 구역별 개발 상태도 서로 다르고 복잡합니다. 한마디로 서로 다른 목적의 건물들이 섞여 있습니다. 주상복합 건물이 그렇고, 주거지와 상업지의 경계가 명확하지 않을뿐더러, 같은 공간에 매우 다양한 나이의 건물이 섞여 있습니다.

최호철 화가의 1994년 작품인 〈와우산〉이라는 그림을 보면 이러한 서울의 복잡함이 잘 드러나 있습니다. 와우산은 서울 마포구에 있는 산으로, 지금은 하늘공원으로 바뀐 난지도 쓰레기 매립장이 그림 오른쪽 윗부분에 보이고, 왼쪽 위에는 63빌딩이 보입니다. 63빌딩은 1980년대 최신 건축기술로 세워진 건물로 당시 서울을 대표하는 건축물입니다. 난지도 쓰레기 매립장은 도시에서 버린 쓰레기를 모아 한데 버렸던 곳으로 도시의 다른 단면을 보여주는 공간입니다. 1980년대 서울이라는 도시를 대표하던 63빌딩은 이제 더 높은 다른 건물에 그 상징성을 내주었고, 흉물스럽던 난지도 쓰레기 매립장은 시민에게 쉼터를 제공하는 공원이 되었습니다.

최호철, <와우산>

    우리의 도시는 멈추지 않고 계속 변화합니다. 새로 지어지는 높은 아파트와 주상복합 건물들, 도심에 새로 심어지는 나무들, 온실가스와 매연을 쉼 없이 배출하는 자동차의 증가, 교통량 해소를 위해 새로이 만들어지는 다리 등등. 이 모든 것들이 그동안 우리 도시의 개발에 따른 변화된 모습과 복잡성을 보여주는 예가 됩니다. 한편으로 이런 복잡성은 다른 나라의 도시와 달리 우리의 도시는 우리만의 특별한 환경과 대응책을 요구한다는 것도 시사합니다.

산업 혁명과 도시화

인류 역사에서 도시의 탄생은 유목 생활에서 정착 생활로의 전환이 일어난 농업 혁명과 함께 시작됐으리라 추정됩니다. 이후 18세기 산업 혁명이 시작된 뒤로 도시로의 급격한 인구 유입이 일어났는데, 영국의 경우를 살펴보면 1801년에 도시 거주 인구 비율이 17%였다가, 1891년에는 72%로 크게 증가했습니다. 현재는 지구 육지 면적의 대략 1% 넓이에 불과한 도시에 전 세계 인구의 절반 이상이 살고 있고, 매주 전 세계 도시로 약 100만 명씩 이주하는 등 도시화는 거부할 수 없는 거대한 흐름으로 세계 곳곳에서 일어나고 있습니다. 특히 우리나라와 중국을 포함한 동아시아에서 도시화가 매우 빠르게 진행되고 있는데, 천만 명 이상의 인구가 거주하는 도시인 '메가시티(megacity)' 또한 계속 늘어나는 상황

세계 인구 분포 예상도

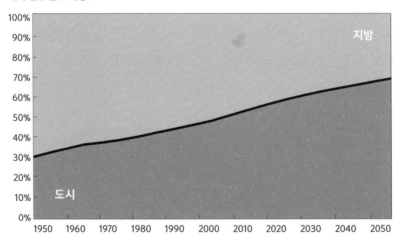

입니다.

우리나라의 경우는 다른 나라보다 도시화가 더 심한 상황으로, 전국 시군구 기준으로 약 90%의 인구가 도시에 거주하고 있으나 국토의 17% 정도만이 도시 지역으로 구분됩니다. 자원과 에너지, 편의 시설 등이 도시에만 집중되자 도시가 자석처럼 사람들을 끌어들이고 있는 것이지요. 우리나라는 1950년 한국 전쟁 이후 '한강의 기적'으로 대표되는 경제 성장과 함께 도시화가 매우 빠르게 진행됐습니다. 지금의 서울 모습을 약 100년 전과 비교해보면 그 사이에 우리나라가 얼마나 빠르게 변화했는지 한눈에 알 수 있습니다.

우리나라의 도시화는 경제 성장과 함께 시작돼, 1970년대에는 재개발을 필두로 2~5층 높이의 건물이 지어졌고, 1980년대에는 약 20층 높이의 아파트들이 지어졌습니다. 우리나라 아파트의 상당수는 1980년대 지

1900년대 서울의 종로 거리

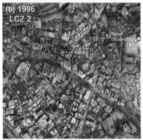

1974년부터 2017년까지
서울 독립문 부근의 항공 사진

어진 건물들로 이들 아파트가 노후화됨에 따라 재개발하려는 시도들이 빈번히 있었는데, 이러한 도시 빈민가를 새 아파트 단지로 바꾸는 재개발 과정은 1990년대 이후 새로운 전기를 맞게 됩니다. 요컨대, 이후에 이뤄진 재개발은 더 높은 고층 아파트의 등장과 함께 녹지를 더 많이 확보하는 방식으로 변화했습니다. 지금 서울 독립문 부근의 항공 사진을 보면 이러한 서울의 재개발 변천사를 뚜렷하게 확인할 수 있습니다.

이 같은 급격한 도시화 현상은 지금까지 우리가 겪어보지 못한 많은 문제와 대비책을 요구합니다. 우선, 급격히 증가한 인구를 지탱해야 할 물과 식량, 그리고 거주 공간이 필요할 것입니다. 나아가 도시화로 인해 가속화될 지구 온난화와 함께 더욱 늘어날 것으로 예상되는 홍수, 폭염, 한파, 가뭄, 태풍에 의한 구체적인 대비가 없다면, 수많은 인구가 직접적인 피해를 받게 될 것입니다. 따라서 이런 재난에 대비하는 도시 차원의 유기적이고도 장기적인 대비가 필요한 때라고 할 수 있습니다.

2018년 여름을 강타한 폭염은 110년 만의 더위라고 합니다. 이는 앞으로 다가올 심각한 자연재해에 대한 경고일지도 모릅니다. 우리가 재개발한 도시가 이런 재해에 대한 적절한 대비를 갖추지 않는다면 수많은 인명 및 재산 피해가 발생할 수밖에 없습니다. 많은 인구가 좁은 도시 지역에 사는 만큼, 도시의 개발이 이런 재해를 포함한 다양한 상황을 견딜 수 있도록 도시의 특성에 맞는 준비를 해야 할 것입니다. 그 준비는 지금 도시의 재개발 과정이 적기라고 할 수 있을 것입니다. 이러한 재개발 과정에서 앞으로 고려해야 할 과학적 측면은 어떤 것들이 있을까요? 가장 대표적인 예로 도시가 주변 기온을 올리는 현상인 도시 열섬 현상부터 이야기해보겠습니다.

도시를 달구는 열섬 현상

도시화가 진행되면 좁은 공간에 더 많은 사람이 살게 되고, 이로 인해 도시는 주변과 다른 모습을 띠게 됩니다. 현재 전 세계 인류가 소비하는 자원과 에너지의 3분의 2가량이 도시에서 쓰이고 있습니다. 때문에 지구 온난화의 주범인 온실가스 배출량의 대부분도 도시에서 생성됩니다. 다시 말하면, 더욱 많은 열이 도시에서 발생함을 뜻하는 것으로, 결국 도시는 주변부 지역보다 기온이 올라갑니다. 이렇게 도시가 주변보다 기온이 높은 것을 도시 열섬 현상이라고 하는데, 산업 혁명이 시작된 영국에서 하워드(Luke Howard)라는 학자에 의해 19세기 초반에 처음 언급됐습니다.

도시 열섬 현상은 도시에서 지내는 인간들의 활동 대부분이 열을 만들어내거나 열을 활용하기 때문에 발생합니다. 예를 들면, 무더운 여름에 사용하는 에어컨은 집과 회사 건물 내부의 기온을 낮춰주지만, 반대로 건물 밖에 설치된 실외기를 통해 뜨거운 열기를 배출합니다. 그리고 도시 건물들은 낮 동안 태양 에너지를 저장하는 창고 역할을 해, 이 저장한 열을 밤이 되면 다시 내뿜어 열대야 현상을 더 심하게 만들기도 합니다. 따라서 에너지 사용이 많을수록, 인구가 많을수록 도시 열섬 현상은 점점 더 강해지고 열대야 현상도 빈번해집니다. 서울의 기온 분포를 보면 인구가 밀집한 상업지구나 공장이 있는 지역이 같은 서울 내에서도 상대적으로 온도가 높다는 것을 알 수 있습니다. 하지만 여전히 우리는 우리나라 도시화에 따른 도시 열섬 효과와 지구 온난화, 그리고 다른 자연재해 사이에 어떤 관계가 있는지 과학적 연구가 부족합니다. 우리나라 도시의 재개발에도 폭염 발생과의 상관성, 시민의 건강과 보다 효율적인 에너지 사용과의 연계에 관한 과학적 연구가 필요합니다.

그렇다면 혹시 도시에 나무를 많이 심는다면 기온이 내려가서 이 문제가 해결될까요?

━━━━━ 미세 먼지만 위험하다고요?

우리는 막연하게 나무를 많이 심으면 주변 환경이 쾌적해질 것으로 생각합니다. 그런데 과연 도시가 재개발되면서 녹지 공간이 많아지면 우리에게 좋은 점만 있을까요? 이 문제는 도시와 관련된 다양한 측면에서 서로 다른 답을 줄 수 있지만 도시 환경과 도시 기후과학 측면에서 보면 다음과 같은 문제점들이 있을 수 있습니다.

우선, 나무를 심어 도시 기온을 낮출 수 있느냐는 사실 논란의 여지가 많습니다. 나무 그늘이 시원함을 줄 수는 있지만 도시 전체의 기온을 낮추기에는 과학적 근거가 희박하고, 나무의 종류나 주변 기후에 따라 결과가 달라질 가능성이 매우 큽니다. 실제로 나무가 뿌리를 통해서 빨아들인 물이 잎을 통해 증발하는 동안 주변 습도가 올라가게 되는데, 이는 여름철 불쾌지수를 높일 수 있습니다. 이를 증명하듯 도심에 나무가 많아지면 습도 상승으로 인해 불쾌지수 또한 상승한다는 연구 결과들이 최근 속속 발표되고 있습니다. 그 외에도 나무는 서로 비슷해 보이지만 동물만큼이나 다양한 종들이 존재하기 때문에 자신의 종을 보호하기 위한 목적 등으로 나무 종류에 따라 여러 화학물질을 대기 중으로 내보냅니다. 문제는 이러한 물질이 자동차 배기가스와 만나 우리 몸에 해로운 오존을 만들어낸다는 것입니다. 오존은 성층권에서 해로운 자외선을 막지만, 우리가 사는 지구 표면에서는 사람과 동식물들의 건강을 해치게 되죠.

설령 나무로 인해 기온이 낮아진다고 해도 이는 오히려 대기 오염을 심하게 만드는 원인이 될 수 있습니다. 도시화는 야누스의 얼굴과도 같습니다. 도시 열섬 효과의 가장 큰 특징 중의 하나로 도시 주변에 비가 더 많이 온다는 점을 꼽을 수 있는데요. 비가 많이 내린다는 것은 한편으로 공기 속의 오염물이나 미세 먼지가 줄어들 가능성이 커진다는 것을 의미합니다. 비가 오고 난 후에 맑은 하늘을 볼 수 있는 이유가 바로 이것입니다. 실제 지난 몇 년간 서울에 비가 왔을 때 줄어든 대기 오염물의 농도로 인한 경제적 효과는 백억 원이 넘는 것으로 추정되고 있습니다. 하지만 나무를 심어 도심의 기온이 낮아진다면 오히려 비는 줄어들 것입니다. 그렇다면 어떤 일들이 일어날까요?

도시 기온이 낮아지면 대기의 혼합이 약해지는데, 이것 또한 의외의 결과를 낳을 수 있습니다. 예컨대, 끓는 물에 라면 스프를 넣으면 곧바로 스프가 물에 골고루 섞이지만, 불을 끄면 스프가 즉시 아래로 가라앉습니다. 이처럼 나무로 인해 낮아진 기온에 의해 혼합이 약해지면 대기 오염이 심해질 수 있습니다. 대기의 혼합이 약해지면 미세 먼지가 사람들이 걸어 다니는 도로나 건물 아래쪽으로 가라앉을 것이고, 그렇게 되면 우리가 사는 부근의 미세 먼지 농도가 더 올라가게 됩니다.

재개발과 전력 사용량

전력 사용량은 기온에 따라 변하는데, 일반적으로 기온과 전력 사용량 사이에는 부메랑 형태의 관계를 보입니다. 여름철에 기온이 증가하면 에어컨 사용의 증가와 함께 전력 사용량이 증가하고, 반대로 겨울철에는 기온이 내려갈수록 난방에 의한 전기 사용이 늘어 전력 사용량이 증가하기 때문입니다. 옆의 그래프를 보면 기온이 1도 올라갈 때 증가하는 전력 수요량은 큰 폭으로 증가합니다. 그런데 같은 1도가 올라가더라도 기온이 20도에서 1도 증가할 때보다 기온이 30도에서 1도 증가할 때 훨씬 많은 전기를 사용하게 됩니다. 이렇게 도시가 더워질수록, 지

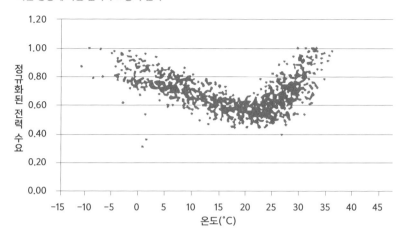

기온 상승에 따른 전력 수요량의 변화

구 온난화가 심해질수록 전력 소비량은 기하급수적으로 늘어날 수밖에 없습니다. 따라서 우리의 도시 재개발이 기온을 낮출 수 있다면 에너지 소비 또한 크게 줄어들 것입니다. 반면, 만약 도시화와 지구 온난화로 인한 폭염이 지속되는 상황에 놓였을 때 충분한 전력이 없다면 에너지 빈곤층은 이에 따른 건강 악화와 사망에 직접 노출될 가능성이 크고, 이는 우리 사회 전체의 안정성까지 크게 해칠 수 있습니다. 우리는 도시 재개발 과정을 앞두고 이런 문제점을 고려하고 있을까요?

이런 걸 도대체 어떻게 과학적으로 연구할까?

외과 의사는 환자의 병을 치료할 때 수술을 통해 병이 난 곳을 고치지만, 그전에 엑스레이나 CT 장비를 이용해 몸을 직접 들여다보지 않고도 환자의 상태를 진단하게 됩니다. 지구를 연구 대상으로 삼을 때도 이와 비슷한 방식을 이용합니다. 관찰 대상에 대해서 직접 실험하고 연구하는 방법 외에도 CT 장비처럼 원격으로 지구의 상태를 진단하기도 하고 슈퍼컴퓨터를 이용하여 예측할 수 있는 자료를 만들어 연구하기도 합니다.

지구를 연구하는 첫 번째 방법은 측정 장비를 들고 우리가 원하는 관찰 대상과 장소에서 직접 실험을 수행하는 방식입니다.

두 번째는 인공위성 자료를 이용하는 방법입니다. 의사가 CT 장비를 이용하여 원격으로 환자 상태를 진단하는 것과 비슷하지요. 예컨대, 인공위성에 장착된 장비 가운데 빛의 성질 변화를 측정하는 기구의 수치를 통해 나무의 가시광선과 적외선을 측정해서 나무가 얼마나 광합성을 하는지 알아낼 수 있습니다. 나뭇잎이 광합성을 할 때 가시광선만 사용하기 때문에 적외선보다 가시광선이 더 많이 흡수될수록 광합성을 많이 한다는 점을 파악할 수 있습니다.

세 번째 방법은 컴퓨터 모델을 이용하는 방법입니다. 이는 우리의 지식을 코딩해 일종의 도시와 대기를 만들고, 슈퍼컴퓨터로 시뮬레이션한 자료를 분석하는 것입니다.

이런 방법들로 최근 우리나라의 대표적 재개발 사례로 꼽히는 서울 은평 뉴타운과 성동구 서울숲을 이야기해보려고 합니다.

은평 뉴타운과 서울숲은 어떻게 바뀌었을까?

은평 뉴타운 재개발이 진행된 서울시 은평구 진관동 일대는 2000년대 초반까지는 흔히 볼 수 있던 5층 이하의 빌라 건물이 대부분이었습니다. 그러다가 2006년 재개발이 시작되면서 건물이 헐리고 10층 이상의 고층 아파트들이 들어섰습니다. 재개발 이후 인구는 두 배 이상 늘었고, 당연하겠지만 열 배출량도 약 두 배가량 증가했습니다. 도시 열섬 효과가 더 강해진 것입니다. 이에 따라 일 최저 기온도 0.6도가량 상승했습니다. 늘어난 인구와 자동차 통행량은 이 지역의 이산화탄소와 같은 온실가스 배출량도 증가시켰을 것입니다. 하지만 이러한 은평 뉴타운의 재개발이 우리나라 전체 온실가스 배출량을 늘렸다고는 단언하기 어렵습니다. 재개발된 곳으로 새로 이주해온 사람들이 서울의 다른 곳에 거주하던 사람들이 이주한 것이라고 한다면, 어찌 보면 서울 전체로 봤을 때 기온의 증가나 온실가스 배출량은 똑같다고 할 수 있습니다. 더욱이 사람들이 모여 살게 되면 에너지 사용의 효율성은 커지게 되고, 따라서 재개발 과정에서 집중된 많은 시민의 생활을 보다 효율적으로 관리할 수 있게 된다면 더 적은 에너지 소비와 온실가스 배출량으로 많은 인구의 삶을 유지할 수 있을 것이니 우리나라 전체적으로 보자면 좋은 일일 겁니다.

그러나 '보이는 것이 다가 아닙니다.' 방금 이야기는 온실가스에만 한정된 설명으로, 실제보다 온실가스를 덜 배출하는 재개발이 이루어진 것인지에 대해서는 과학적 연구가 필요합니다. 이밖에 다양한 사회경제적 요인들에 대한 고려도 필요할 것입니다.

　서울 성동구에 만들어진 서울숲은 과거에 경마장과 골프장이 있던 곳을 공원으로 개발한 경우입니다. 은평 뉴타운처럼 고층 건물을 지어야 한다는 시민들의 요구가 있었지만 결국 녹지 공간으로 개발한 곳입니다. 그렇다면 초고층 상가 건물이나 아파트 단지 대신 이렇게 공원을 만들면 어떤 이익이 있을까요? 공원이 우리에게 제공하는 이익은 생각보다 많습니다. 도시 열섬 현상으로 더위에 지친 사람들에게 휴식처를 주는 것도 이점 가운데 하나입니다. 이 외에도 건물을 짓지 않고 거기에 나무를 심었으니 건물을 지었을 때보다 열과 온실가스의 배출이 줄고, 나무들이 광합성을 통해 오히려 온실가스를 없애게 됩니다. 직접 측정해본 결과, 서울숲은 아파트 건물들로 재개발되었을 경우보다 연간 2,000톤의 탄소를 더 흡수하고 있고, 이를 탄소배출권 거래*에 의한 가격으로 환산하면 연간 5,000만 원 이상의 경제적 효과를 가져다줍니다. 하지만 어떤 나무를 어떻게 심고, 어떻게 관리해야 앞서 언급했던 도심 속 나무들의 해로운 점들을 최소화하고, 나무가 우리에게 주는 혜택을 최대로 늘릴 수 있을까요? 이 또한 여러분들에게 열려 있는 과학적 문제입니다.

　* 탄소배출권 거래 온실가스 감축 의무가 있는 사업장(국가)에 배출 허용량을 부여하고 이 한도를 밑도는 온실가스를 배출할 경우 그만큼 탄소배출권을 팔 수 있다. 반대로 한도를 초과해서 온실가스를 배출할 경우 탄소배출권을 사와서 초과분을 상쇄해야 한다. 탄소배출권 1톤의 가격은 현재 약 2만 5,000원 선에서 거래되며 계속해서 가격이 상승 중이다.

식물, 동물, 사람 그리고 우리가 숨 쉬는 공기

　　요즘 다양한 분야에서 '지속가능성'이란 단어를 많이 사용하고 있습니다. 지속가능성이란 무엇일까요? 이 단어는 '자연은 물려받은 유산이 아니라 후세에서 빌려온 것'이라는 인디언의 격언과 맞닿아 있습니다. 현재 우리 삶이 우리 후손들의 삶의 질을 떨어뜨리면 안 된다는 뜻이지요. 예를 들어, 지금 우리의 생활은 집, 음식, 에너지, 자동차 사용에 이르기까지 화석연료 사용에 크게 의지하고 있습니다. 이런 생활 방식은 우리의 후손들에게 빚을 지는 행동이라는 지적이 많습니다. 현재 우리의 생활 방식이 미래의 후손이 사용할 에너지원을 고갈시키고, 공기를 오염시키며, 지구 온난화를 일으켜 미래를 살아갈 그들에게 부담을 주기 때문입니다. 이런 의미에서 우리 삶의 방식을 바꿔야 한다는 공감대가 커지고 있지만, 지금껏 살아온 생활 방식을 바꾸기란 쉽지 않은 일입니다. 개인의 욕망을 조절해야 함과 동시에 이런 욕망을 자극하고 확대하는 우리 경제·사회·문화 구조를 바꾸는 어려운 일입니다. 이와 같은 의미에서 많은 사람이 모여 사는 도시의 구조와 기능을 바꾸는 일은 우리 삶을 크게 변화시킬 수 있는 효과적인 방법이 될 것입니다. 현재 우리나라에서 진행되는 도시 재개발은 바로 이러한 기회를 구현할 수 있는 중요한 시점이기도 합니다.

　　생물학적으로 동물의 크기가 클수록 1분당 뛰는 심장 박동수가 줄어들고, 수명이 길어진다는 법칙이 있습니다. 이는 동물의 크기가 커질수록 세포 수가 많아지고, 많은 세포가 서로 모여 있으면 에너지 사용의 효율이 높아지기 때문이라고 합니다. 도시는 이러한 모습과 매우 비슷한 특징을 가집니다. 사람들이 모여 살기 때문에 에너지나 자원 소비의 측면에서 효율적일 수 있습니다. 하지만 이러한 효율성을 만들고 도시의 기후를 보다 살기 좋게 하는 재개발은 다양한 배경의 고민과 함께 대기과학적 연구를 통해서 이루어질 수 있습니다. 무조건 '빨리, 빨리'를 외치고 건물 외관만 신경 쓴다면 놓치게 될 것들이죠. 중요한 것은 우리가 하는 도시 재개발의 효과는 우리가 어떻게 재개발하느냐에 따라 열린 미래를 만들어내리라는 것입니다.

우리가 오랫동안 살아가야 할 건물을 다시 짓는 재개발이 우리가 사는 건물의 작은 공간에 한정된 것이 아니라, 우리 마을과 도시 전체, 더 나아가서는 지구 전체를 변하게 할 수 있다는 사실을 알아주었으면 합니다. 그리고 도시 재개발이 단순히 건물이 높아지고 새롭게 된다는 것 외에도 아주 다양한 환경 및 에너지 문제와 연결된다는 것을 잊지 말길 바랍니다.

홍진규

연세대학교 대기과학과 교수. 티베트 고원과 대기의 상호작용으로 이학박사를 받았다. 전공은 생태계와 기후, 대기 환경과의 상호작용이다. 그밖에 인간의 활동으로 인한 지구 표면 변화, 그리고 나무가 기후 변화에 미치는 영향에 관심이 많다.

10
아이디어를 훔치는
네 가지 방법

서영진

이 글을 쓰고 있는 저는 과학자가 아닙니다. 창의적인 생각을 공유하고 그 방법을 고민하는 아이디어 큐레이터(idea curator)입니다. 과학자도 아닌 제가 여러분에게 과학 이야기를 전하는 것이 어찌 보면 이상하게 느껴질 수 있을 겁니다. 하지만 새로운 영역을 탐구하는 과학과 새로운 발상을 이끌어내는 창의력은 큰 틀에서 묶여 있다는 생각이 듭니다. 아이디어 큐레이터가 바라본 과학 이야기, 한번 들어보시겠어요?

━━━━━ 창의적 사고가 이끌어낸 과학의 발전

      과학은 보편적 진리나 법칙을 발견하기 위한 지적 탐구활동을 뜻합니다. 영국의 과학자 아이작 뉴턴(Isaac Newton)은 사과가 땅에 떨어지는 것을 보고 왜 사과가 옆이나 위가 아닌 아래로 떨어질까에 대한 질문을 던졌습니다. 지구가 사과를 끌어당기는 힘이 있기 때문이라는 것을 알아낸 뉴턴은 결국 만유인력의 법칙을 발견했고, 지금까지 근대 과학의 선구자로 칭송받고 있습니다. 당연한 사실로 여기던 일상의 현상에서 뉴턴은 과학의 근간이 되는 위대한 법칙을 찾아낸 것입니다. 그 과정에는 과학자의 창의적 사고가 바탕이 되었습니다. 사과를 통해 질문을 던지고 사과와 지구의 힘을 연결하는 고리를 찾는 시각이 바로 창의적 발상입니다. 저는 과학자는 아니지만 세상을 다르게 보는 남다른 발상이 과학을 발전시키는 원동력이라고 믿고 있습니다.

   프랑스의 작가이자 실존주의 철학자 장 폴 사르트르(Jean Paul Sartre)는 "인생은 B와 D 사이의 C다."라는 말을 남겼습니다. 출생(Birth)부터 죽음(Death)까지의 인생 사이에 무수한 선택(Choice)의 순간을 맞게 된다는 뜻으로 선택의 중요성을 강조한 말입니다. 사르트르의 이 말을 떠올리며 다른 생각을 한번 해봤습니다. 우리의 삶에서 중요한 또 다른 C는 무엇일까요? 저는 창의력(Creativity)을 꼽고 싶습니다. 창의력은 남들과 다른 나만의 독창적인 생각을 이끌어내는 힘입니다. 지식, 경험, 리더십, 기술, 언어, 체력 등 경쟁에서 이기기 위한 다양한 요소 가운데 창의력은 현대 사회에서 가장 강력한 무기로 꼽히고 있습니다. 학교, 사회, 국가 이 모두가 창의적 인재를 원합니다. 이처럼 중요한 창의적인 힘을 우리가 키워야 할 때입니다. 이제 창의력은 선택이 아닌 필수인 시대가 되었습니다.

━━━━ 고정관념을 없애라!

그렇다면 창의적 생각은 어떻게 개발할 수 있을까요? 어느 실험의 예를 들어보겠습니다.

작은 실험실 방에 여러 사람이 모여 있습니다. 문을 통해 나오라고 알려주었지만 한참이 지나도 사람들은 방 밖으로 나오지 못했습니다. 문이 잠겨 있지 않는데도 사람들은 문고리를 붙들고 끙끙 대기만 했습니다. 그러던 중 한 어린아이가 너무나 쉽게 문을 열고 밖으로 나왔습니다.

문에 달린 손잡이는 우리가 흔히 사용하는 동그란 모양이었습니다. 손잡이를 오른쪽이나 왼쪽으로 돌리고 안으로 잡아당기거나 밖으로 밀면 문이 열리는 방식에 사용되는 손잡이였습니다. 이런 방식에 익숙한 사람들은 이와 똑같은 방법으로 문을 열려고 했지만 문은 꿈쩍도 하지 않았습니다. 하지만 어린아이는 손잡이를 돌리고 미닫이처럼 문을 옆으로 밀었습니다. 거짓말같이 문은 부드럽게 열렸고 사람들은 드디어 밖으로 나올 수 있었습니다.

실험에서 사람들이 문을 열지 못한 이유는 문고리에 대한 고정관념 때문입니다. 사람들의 행동을 결정하는 굳은 생각, 또는 지나치게 당연한 것으로 알려진 생각을 고정관념이라고 합니다. 고정관념은 고인 물과 같습니다. 우리는 살아가면서 경험과 지식을 쌓아가게 되고 그것들을 통해 생각하며 그 생각에 의해 행동하게 됩니다. 만약 경험과 지식을 쌓아만 놓으면 고인 물이 되고 시간이 지나면 썩게 됩니다. 실험실의 사람들도 그들의 경험과 지식만으로 문을 열려고 했던 것입니다. 사람들이 고정관념에서 벗어나지 못하는 사이 여기에 얽매이지 않은 순수한 어린아이만이 방문을 열 수 있었습니다.

고정관념의 반대는 창의적 사고라 할 수 있습니다. 새로운 생각을 뜻하는 '창의'의 한자어 가운데 '창(創)'에는 재밌는 뜻이 숨겨져 있습니다. 創(창)은 창고나 곳간을 뜻하는 '倉(창)'과 도끼나 칼을 뜻하는 '刀(도)'가 합쳐진 한자어로, 지식과 경험으로 가득한 우리의 창고를 깨부수는 것을 뜻합니다. 창고에 가득 쌓아두기만 하면 물과 같이 썩게 되고 결국 고정관념에 휩싸여 새로운 것을 보지 못하게 됩니다. 창고 문을 도끼로 깨고 헌 것을 버리고 새로운 것으로 계속 바꿔줘야 합니다. 개방적이고 유연한 사고를 해야 남다른 독창성이 튀어나오게 됩니다. 창의적 인재가 되고 싶다면 지금 당장 여러분을 가둬두고 있는 고정관념에서 탈출하기 바랍니다.

━━━━━ 아이디어의 핵심 찾기

저는 생각전구 블로그(http://ideabulb.co.kr)를 운영하며 수많은 아이디어를 접했습니다. 아이디어들을 분석하고 블로그에 포스팅하면서 아이디어를 도출하는 방식을 구분하게 되었는데, 이 방식을 이해하게 되면 누구나 쉽고 간단하게 창의적 사고를 위한 첫 번째 단추를 꿸 수 있습니다.

먼저 아이디어의 핵심 키워드로 3C를 꼽고 싶습니다. 3C는 변화(Change), 시도(Challenge), 소통(Communication)을 일컫습니다. 아이디어는 새로운 생각을 떠올리고 완성하는 일입니다. 새로움을 일으키기 위해서는 기존의 생각이나 사물을 전혀 다르게 바꿔야 합니다. 이는 호기심을 통해 발동하며 변화의 추구를 위한 신념이 바탕에 있어야 합니다. 생각만으로 아이디어가 완성되었다고 확정할 수 없습니다. 아이디어는 추상적인 개념에서 눈에 보이고 입증할 수 있도록 구현될 때 비로소 가치를 인정받습니다. 과학적인 이론의 경우 이를 연구하고 발표하는 것은 매우 창조적인 노력의 결과입니다. 비록 물건을 만들어 눈에 보이게 할 수는 없어도 수많은 실험 과정을 통해 이론의 정당성과 합리성을 입증해야 진정한 연구의 완성으로 인정받을 수 있습니다. 따라서 아이디어 완성을 위한 끊임없는 노력과 시도는 반드시 필요합니다. 또 우리는 소통의 시대를 살고 있습니다. 지구상의 수많은 사람들과 어울려 살고 있으며 우리를 둘러싼 자연과 더불어 살아갑니다. 4차 산업 혁명 시대를 맞아 앞으로 사물과도 소통해야 합니다. 아이디어는 이렇게 인간과 인간, 인간과 자연, 인간과 사물을 잇는 충실한 소통의 메시지를 담아야 합니다.

좋은 아이디어란 과연 무엇일까요? 아무리 새로운 것을 만들었다고 해도 그 속에 최선을 추구하려는 노력의 흔적이 없다면 곧 실패한 아이디어가 되고 맙니다. 장시간의 연구를 거듭한 끝에 발표된 아이디어가 사회의 일부 극소수에게만 해당되고 나머지에게는 악영향을 미친다면 어떨까요? 변화, 시도, 소통의 개념 모두가 아이디어에 녹아 있어야 합니다. 반드시 인류에게 좋은 영향을 미쳐야 하고 그 아이디어를 통해 우리의 삶은 더욱 윤택해져야 합니다.

――――― 아이디어를 내 것으로 만드는 법

이제 아이디어를 훔치는 기술을 알아보겠습니다. 수천 개의 아이디어들을 블로그에 소개하며 나름대로 분류 정리한 방법들 가운데 가장 간단하고 중요한 방법 네 가지만 설명하겠습니다. 무척 단순하면서도 매우 효과적인 방법이니 여러분도 쉽게 따라할 수 있을 것입니다.

크기를 바꿔라!

아이디어를 떠올리는 가장 기본적인 방법은 새로운 변화를 주는 것으로, 그 첫 번째 요소는 바로 크기입니다. 작은 것은 크게, 큰 것은 작게 바꾸면 기대 이상의 효과를 낼 수 있습니다.

아르헨티나의 어느 건물에 초대형 콜라 자동판매기가 설치됐습니다. 기존 자판기보다 두 배 정도 더 커서 일반 사람은 손이 닿지 않을 정도입니다. 혼자 힘으로는 도저히 자판기에서 콜라를 뽑을 수 없기 때문에 누군가의 도움이 꼭 필요합니다. 자판기 버튼에 손이 닿도록 목말을 타거나 친구들이 아래에서 받쳐줘야만 합니다. 초대형 자판기는 아르헨티나의 우정의 날을 축하하기 위해 오길비(Ogilby) 광고대행사에서 설치한 것입니다. 우정의 날을 맞아 친구의 소중함을 일깨워주기 위한 자판기입니다. 이렇게 힘이 되어준 친구들에게 감사의 표시를 하라는 뜻으로 자판기에서는 친구를 위한 보너스 콜라가 한 병 더 나옵니다.

친구의 도움을 받아야만 음료를 뽑을 수 있는 대형 자판기

빅 사이즈의 장점은 주목도에 있습니다. 우리가 알고 있는 기존의 크기에서 벗어나는 이미지를 만나게 되면 시각적인 쇼크를 받게 되어 그 이유와 사연이 궁금해지는 심리적 프로세스가 작동하게 됩니다. 따라서 빅 사이즈 아이디어는 광고, 홍보, 캠페인 등의 분야에서 많이 적용됩니다. 사람들의 관심과 참여를 유도하는 데 매우 효과적이기 때문입니다. 아이디어가 떠오르지 않는다면 일단 크기부터 키워봅시다. 사람들의 시선을 확 끌어당길 만큼 큰 이미지는 확실히 효과가 있습니다. 그리고 분명한 메시지를 담아야 합니다. 왜 이렇게 크게 만들었는지 뚜렷한 이유를 알 수 있어야 사람들이 떠나지 않습니다.

크기 변화의 또 다른 아이디어는 미니멀리즘(Minimalism)입니다. 기술의 발달로 많은 제품들이 자연스럽게 작아지며 '미니'라는 단어가 낯설지 않게 되었습니다. 그럼에도 불구하고 무엇인가 극도로 작아지게 되면 주목하게 됩니다.

독일의 프랑크푸르트에서는 매년 세계 최대 규모의 국제 도서전이 열립니다. 몇 해 전 수많은 관람객이 책이 아닌 다른 것에 관심을 쏟은 적이 있었습니다. 200마리의 파리 떼가 전시장에 등장했기 때문입니다. 이 파리들은 꽁무니에 빨간 꼬리표를 달고 있었는데, 그 무게 때문에 잽싸게 날지 못하고 관람객 몸에 앉아 쉬기도 했습니다. 파리에게는 독일의 유명 출판사 아이히본(Eichborn)의 아주 작은 광고지가 붙어 있었습니다. 광고지는 파리에게 해롭지 않게 부착된 상태로, 시간이 지나면 자연스레 떨어지도록 처리됐습니다. 파리 떼를 본 관람객들은 신기해하고 또 즐거워했습니다. 파리를 광고에 활용한 이유는 이 출판사의 로고가 바로 파리이기 때문입니다. 파리는 아주 작지만 무척 신경이 쓰이는 곤충입니다. 작은 파리가 눈앞을 지나가거나 윙 소리를 내면 우리 눈은 파리를 쫓아갈 수밖에 없습니다. 세상에서 가장 작은 광고 매체를 활용한 아이히본의 기발한 아이디어는 전시회 기간 동안 책보다 더 큰 주목을 받았습니다.

파리가 달고 다니며 홍보한 출판사 광고지

　미니멀하고 심플한 트렌드는 큰 흐름입니다. 그 추세에 따라 자연스럽게 모든 것들이 작고 심플하게 변하고 있습니다. 하지만 한계를 뛰어넘을 정도의 기발함이 요구됩니다. 절대로 작아질 수 없다고 생각되는 것을 작게 만들어야 합니다. 그리고 그 안에 스토리가 담겨 있어야 합니다. 과감한 시도에 감동의 이야기가 어우러지면 최고의 아이디어가 탄생하게 됩니다.

　크기를 바꾸는 것은 아이디어를 도출하는 기술 중 가장 기본이 될 정도의 방법입니다. 크게 하면 주목도를 높이고 새로운 용도를 구상할 수 있습니다. 크기를 작게 하면 휴대성을 높이면서 단순화할 수 있습니다. 단, 작은 크기로도 충실한 역할을 할 수 있는 기계적 기술적 방법이 필요합니다.

모양을 바꿔라!

사람의 외모가 모두 다르듯 모든 사물은 저마다의 모양을 갖고 있습니다. 삼각형, 사각형, 원형 등 사물의 용도와 효율성에 따라 모양은 갖춰집니다. 그런데 만약 이 모양에 변화가 생긴다면 관심을 끌게 되고 새로운 기능이나 의미를 부여할 수 있게 됩니다.

어린이들은 미술 시간에 크레용으로 그림을 그립니다. 크레용의 모양은 연필과 흡사합니다. 손으로 잡고 그림을 그리는 도구이니 어쩌면 당연한 모양일지 모릅니다. 하지만 미국인 데이비드 체사르(David Chesar)의 생각은 달랐습니다. 그는 펜을 잡아보지 않은 어린아이들을 살펴보면서 크레용을 손에 쥐고 그림을 그리는 방식을 아이들이 상당히 불편해한다는 것을 발견했습니다. 그는 이런 문제에 대해 1980년대 말부터 고민한 끝에 삼각뿔 모양의 크레용을 발명하고 상품화했습니다. 삼각뿔 크레용을 아이들이 잡으면 자연스럽게 손이 연필을 쥐는 모양을 하게 됩니다. 또 삼각뿔의 뾰족한 면

모양의 고정관념을 깬 삼각뿔 크레용

과 평평한 면을 모두 사용해 다양한 미술 활동도 할 수 있습니다. 삼각뿔 크레용을 사용한 아이들은 무척 편하고 재밌어합니다. 이를 통해 어린아이 때부터 올바른 펜 잡기 훈련과 필기 연습 훈련까지 시킬 수 있다고 합니다. 삼각뿔 크레용은 각종 발명상을 수상하며 필기와 그림 도구의 모양에 대한 고정관념을 깨는 계기가 됐습니다. 이후 조약돌 모양 크레용처럼 다양한 변형 아이디어가 시도되고 있습니다.

우리 주변의 사물은 이미 오랜 기간을 거치면서 거의 모양새가 완성된 상태입니다. 우리는 그 모양에 익숙해져 있으며 그것을 당연한 것으로 여기고 있습니다. 일단, 모양에 대한 기존의 인식을 벗어나 다양한 형태의 변화를 시도하면 좋은 아이디어가 떠오릅니다. 변화를 위한 한계를 둘 필요는 없지만 변형을 이루면 분명 부족한 부분이 생기게 됩니다. 따라서 변형을 하면 반드시 보충을 하는 것이 좋습니다.

이번에는 다른 사물의 모양을 훔쳐서 그대로 적용하는 아이디어의 사례를 들어보겠습니다. 색색의 비누들이 앙증맞아 보이지만 비누가 아닌 것이 있습니다. 일본 엘레컴(Elecom)사의 비누 모양 컴퓨터 마우스입니다. 손에 잡기 편한 작고 둥근 마우스에 비누 디자인을 접목했습니다. 물론 이 마우스로 손을 씻을 수는 없습니다. 하지만 물에 닿아도 괜찮은 방수 기능을 갖고 있습니다.

왜 하필 마우스의 모양을 비누와 똑같이 디자인했을까요? 컴퓨터를 사용하는 동안에는 입력 도구인 마우스에 손이 계속 머무를 수밖에 없습니다. 때문에 마우스에 쉽게 때가 끼고 세균에도 노출됩니다. 익숙하게 사용하다 보니 우리가 오염의 심각성을 잘 인지하지 못할 뿐입니다.

비누를 꼭 닮은 컴퓨터 마우스

그런데 만약 마우스를 사용할수록 손이 깨끗해진다면 어떨까요? 따로 손을 씻지 않아도 되고 청결을 유지할 수 있으니 좋은 방법이 될 것입니다. 청결한 마우스 사용에 대한 메시지를 담기 위해 마우스 디자인에 비누 모양을 적용한 아이디어입니다. 실제로 컴퓨터 마우스에 건강을 고려한 기능이 포함되면 좋겠다는 생각이 문득 듭니다.

이번에는 정반대로 생각해보겠습니다. 대만 예두오(YEDUO)사의 '마우스 비누'는 이름처럼 마우스 모양의 비누입니다. 마우스와 똑같이 생겼고 휠처럼 볼록한 부분도 있습니다. 일반적으로 비누는 둥글거나 사각의 형태를 띱니다. 그런데 물에 닿으면 미끄러워지는 비누의 특성상 사용하면

마우스를 꼭 닮은 비누

서 손에서 놓치는 경우가 가끔 있습니다. 하지만 컴퓨터 마우스는 어떤가요? 우리 손에 익숙하게끔 잡기 편리하고 안정적인 디자인 형태를 갖추고 있습니다. '마우스 비누'의 아이디어가 충분히 이해되는 대목입니다. 마우스를 손에서 놓을 수 없는 현대인의 모습을 빗대 여기에 편리성을 접목했습니다.

　다른 사물의 이미지를 접목하는 아이디어는 상당히 유용합니다. 우리가 갖고 있는 착각의 심리가 작동하게 됩니다. 이때 발생하는 착각은 혼란의 부정적인 상태가 아니라 발견의 긍정적 상태로 표출됩니다. 평소 알고 있던 사물이 전혀 새로운 목적을 위한 사물이 되었을 때 고정관념을 벗어난 충격적 발견을 경험하게 되는 것입니다.

위치를 바꿔라!

제자리에 있어야 할 텔레비전 리모컨이 사라지거나 책꽂이의 책들이 바닥에 떨어져 있을 때 우리는 심한 스트레스를 받습니다. 물건을 잃어버릴지 모른다는 불안감과 제자리에 없는 물건을 찾아야 하는 귀찮음에 시달리게 됩니다. 이 스트레스를 긍정적으로 바꾸면 아이디어가 나옵니다. 위치에 변화를 주는 방법으로 기발한 사고를 할 수 있게 되는 것입니다.

2007년 10월, 프랑스 파리의 한 박물관 지붕 위에 특별한 공간이 마련됐습니다. 호텔 에버랜드라는 이름의 원룸형 미니 호텔로, 스위스의 아티스트 사비나 랭(Sabina Lang)과 다니엘 바우만(Daniel Baumann)이 탄생시킨 공간입니다. 실제로 숙박할 수 있는 이 호텔은 일정 기간마다 세계 유명

파리의 한 박물관 위에 자리 잡은 이동식 숙소 호텔 에버랜드

지역으로 이동합니다. 컨테이너로 설계된 호텔의 내부는 아티스트의 손길이 꼼꼼히 닿아 심플하면서도 럭셔리하게 꾸며졌습니다. 박물관 지붕에서 즐기는 에펠탑과 파리의 풍경이 얼마나 아름다울까요? 생각만 해도 멋진 여행이 될 것 같습니다.

박물관 지붕 위의 컨테이너가 호텔일 것이라고 상상하기란 쉽지 않을 것입니다. 우리가 아는 호텔은 도시나 관광지에 높고 근사하게 세워진 건물입니다. 하지만 호텔 에버랜드는 웅장한 빌딩을 작게 축소해 건물 옥상에 올려놓았습니다. 크기의 변화와 위치의 변화를 동시에 적용한 기발한 아이디어 작품입니다. 호텔 에버랜드는 이렇게 생각지도 못한 곳으로 위치를 바꾸면서 여행객에게 특별한 경험을 선사합니다. 또 전 세계로 이동해 어느 곳으로든 위치를 바꿀 수 있습니다.

이번에는 위치의 변화가 화장실에 적용된 아이디어를 살펴볼까요? 화장실은 더럽고 지저분한 곳이라는 인식이 강합니다. 이에 공중 화장실을 깨끗하고 산뜻하게 바꾸자는 운동까지 일어나고 있습니다. 그렇다면 가정에서 사용하는 화장실 변기도 밝고 생명력 있게 바꿔보면 어떨까요?

아래 사진은 아쿠아원 테크놀로지가 제작한 수족관 변기입니다. 변기 위 물탱크를 투명한 수족관으로 바꿔놓았습니다. 화려한 장식의 수족관에서 수초가 자라고, 예쁜 물고기들이 살고 있습니다. 하지만 변기 물을 내릴 때마다 혹시 물고기들도 빨려 들어가지는 않을까 걱정됩니다. 그러나 물탱크가 이중구조로 설계돼 물고기가 사는 곳의 물과 변기에 사용되는 물이 분리된 채 쓰입니다. 모두 투명하기에 밖에서 보면 구별되지 않을 뿐입니다. 이런 변기가 화장실에 있다면 화장실을 깨끗하게 사용할 수밖에 없을 것 같습니다.

수족관 변기는 위치의 고정관념을 탈출한 아이디어입니다. 수족관은 대체로 가정의 거실이나 사무실의 로비 같은 곳에 놓여 있습니다. 사람들이 많이 모이는 곳에 두고 감상하는 목적으로 설치하기 때문입니다. 그런데 이 수족관이 전혀 엉뚱한 곳에 있다면 깜짝 놀라 자신의 눈을 의심하게 될 것입니다. 그렇다면 왜 하필 변기와 수족관을 접목

수족관으로 변신한 변기 물탱크

했을까요? 수족관의 필수요소와 목적을 아이디어의 연결고리로 짚어냈기 때문입니다. 수족관은 반드시 물이 필요합니다. 수족관의 위치에 변화를 주고자 한다면 우선 물의 공급과 보관을 고려해야 합니다. 이렇게 생각할 때 변기가 가장 적합한 선택이 될 것입니다.

위치의 변화는 아이디어를 훔치는 매우 중요한 기술입니다. 우리가 갖고 있는 위치에 대한 인식은 꽤 강해서 그 인식이 흐트러졌을 때 즉각 반응이 나타납니다. 위치 변화를 적절히 활용한다면 분명 좋은 아이디어를 끌어낼 수 있습니다. 또 아이디어를 훔치는 기술은 단독이 아니어도 좋습니다. 호텔 에버랜드의 예처럼 크기와 위치를 동시에 바꾸면서 큰 효과를 낼 수 있습니다. 따라서 아이디어의 도출 방법을 적용할 때 한 가지에만 얽매이지 말고 여러 방법을 혼합하는 것도 좋은 방법입니다.

생각의 꼬리를 멈추지 마라!

아이디어를 떠올리는 방법으로 마지막으로 소개할 기법은 연상(聯想)입니다. 연상은 생각을 이어가는 것을 뜻합니다. 생각의 꼬리를 멈추지 않고 계속 물고 늘어지는 것입니다. 연상은 창의적 사고를 위해 유용한 훈련법이기도 합니다. 아이디어란 남다른 생각을 떠올리는 일이기에 끊임없이 생각해야 합니다. 생각이 멈추면 절대로 좋은 아이디어가 탄생할 수 없습니다.

알람시계에 대한 아이디어를 예로 들어 연상 기법에 대해 알아보겠습니다. 알람시계는 정해놓은 시간이 되었을 때 알려주는 기능을 갖춘 시계입니다. 특히 아침에 잠에서 깨어날 때 주로 사용됩니다. 하지만 잠의 유혹이 너무나도 강하기에 알람시계가 제대로 기능을 발휘하지 못하는 경우가 많습니다. 알람시계의 목적은 잠든 사람을 깨워야 하는 것입니다. 반대로 어떻게든 더 잠을 자야 한다는 사람의 의지도 만만치 않습니다. 알람시계와 잠자는 사람은 이렇게 서로 대립해가며 팽팽한 긴장관계를 유지하고 있습니다. 그렇다면 어떻게 해야 효과적으로 잠을 깨울 수 있을까요? 이 문제를 해결하기 위해선 반드시 아이디어가 필요합니다.

기발한 아이디어가 적용된 알람시계들을 한번 살펴볼까요? 프로펠러 알람시계는 정해진 시간에 알람이 요란히 울리는 동시에 시계 위에 꽂혀 있던 프로펠러가 튀어 올라 멀찍이 떨어집니다. 시끄러운 알람 소리를 끄기 위해서는 어떻게든 날아간 프로펠러를 찾아 시계의 원래 있던 자리에 꽂아야 합니다. 시끄러운 알람 소리만으로 잠을 깨우기가 쉽지 않기 때문에 프로펠러 알람시계는 날아간 프로펠러를 다시 시계에 꽂는 행동으로 스위치를 대신했습니다. 몸을 움직이는 동안 잠이 달아난다는 원리를 이용한 아이디어입니다. 다양한 사람들의 경험과 심리를 통해 잠을 깨우기 위한 아이디어를 계속 떠올리면서 이것을 매개체로 기발한 알람시계의 아이디어가 완성된 것입니다.

비슷한 아이디어의 레이저 알람시계도 있습니다. 과녁과 레이저로 이루어진 독특한 시계입니다. 알람 소리가 울리면 레이저를 쏴서 과녁의 중앙에 맞춰야

레이저 알람시계

합니다. 레이저를 이리저리 움직이다 우연히 중앙을 스치는 것으로 알람이 꺼진다면 잠을 깨는 데 별 소용이 없습니다. 그래서 레이저를 명중한 상태로 일정 시간을 유지해야 알람이 멈춥니다. 한 가지 일에 정신을 집중했기 때문에 잠에서 깨게 됩니다. 잠과 집중이라는 상황의 연결고리를 재치 있게 이어낸 아이디어입니다.

여러분은 아침에 일어나서 어떤 일과로 하루를 시작하나요? 사람마다 다르겠지만 아침에 하는 일은 대체로 비슷합니다. 화장실을 가고, 아침 식사를 하고, 운동을 합니다. 특히 건강에 대한 관심이 높아지면서 꾸준하게 아침 운동을 하는 사람들이 늘고 있습니다. 조깅을 하거나 스트레칭을 하면 몸도 건강해지고 기분 좋은 아침을 맞이할 수 있습니다. 그렇다면 알람시계와 함께 아침 운동을 해보는 건 어떨까요? 이 알람시계는

아령 알람시계

꽤 묵직할 뿐만 아니라 진짜 아령처럼 생겼습니다. 알람이 울리면 시계를 들고 아령 운동을 해야 합니다. 모션 센서가 내장돼 있어 시계를 들고 서른 번 움직여야 알람이 꺼집니다. 아령 알람시계는 아침 운동에서 아이디어의 연결고리를 찾았습니다.

알람시계에 대해 조금 더 연상해보겠습니다. 오랜 시간 공복 상태로 잠을 자고선 아침에 일어난 사람은 배고픔을 쉽사리 참지 못합니다. 오븐 알람시계는 이런 사람의 심리를 이용합니다. 잠들기 전에 오븐 형태의 알람시계에 미리 베이컨을 넣어둡니다. 아침이 되어도 이 시계는 알람 소리를 요란하게 내지 않습니다. 대신 오븐이 작동합니다. 서서히 베이컨이 익어가고 땡 소리와 함께 오븐 문이 열립니다. 지글지글 익은 베이컨 냄새가 방 안에 진동합니다. 이 상황에서도 잠을 잘 사람은 아무도 없을 것입니다. 사람의 심리와 감각을 이용한 아이디어가 기발하면서도 설득력 있습니다.

다양한 알람시계 아이디어에서 보듯이 생각의 연결은 끝이 없습니다. '잠을 깨운다'는 목적에서 출발해 생각의 고리를 연결하며 범위를 넓히면 분명 좋은 아이디어가 떠오를 수 있습니다.

내 옆에 숨어 있는 아이디어 찾기

지금까지 아이디어를 훔치는 네 가지 방법에 대해 이야기했습니다. 지금도 관련 학계에서는 창의적 사고를 위한 다양한 방법을 끊임없이 연구해 제시하고 있습니다. 그러나 학문적인 연구 결과물이라서 이해하기 힘들거나 실제로 적용하기에는 난해한 방법들이 많습니다. 그렇지만 기발하고 독특한 발상들을 자주 접하면서 일상에서 이를 쉽고 간단하게 적용하다 보면 어느새 즐겁게 나만의 아이디어를 만들 수 있을 것입니다.

제가 가장 좋아하는 광고 아이디어 하나를 마지막으로 소개하겠습니다. 이 지면 광고는 양 손바닥을 펼쳐서 모은 장면을 클로즈업한 사진으로 채워져 있습니다. 깊이 파인 손금에서 연륜이 느껴지지만 무슨 광고인지 감을 잡기는 힘듭니다. 광고 아래 작은 카피가 보입니다. "인도 사슴의 운명은 여러분 손에 달려 있습니다." "흰 수염고래의 운명은 여러분 손에 달려 있습니다." 야생동물보호기금 단체 WWF의 광고로 멸종 위기에 처한 동물을 보호하기 위해 기금 모금에 동참을 호소하는 내용입니다. 광고 카피를 읽고 사진을 자세히 보니 연결된 손금에서 사슴의 뿔 달린 얼굴과 고래의 커다란 뒷지느러미가 보이는 것 같습니다. 정말 사슴과 고래가 우리의 손에 숨어 있었습니다. 손금의 형태에서 동물의 이미지를 발견한 크리에이터의 관찰력이 놀랍기만 합니다.

이제 여러분의 두 손을 모아보기 바랍니다. 분명 여러분의 손에도 무엇인가 숨어 있습니다. 지금까지 손바닥에 그어진 손금, 우리의 운명을

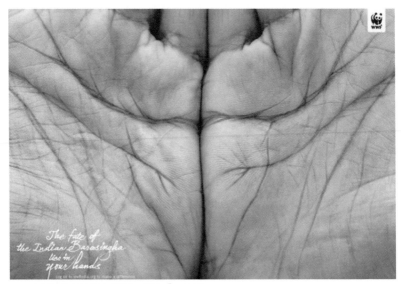

손금으로 멸종 위기에 처한 동물들을 표현한 WWF의 광고

알려준다는 손금만 보았다면 이제는 다른 의미를 가진 새로운 이미지를 찾게 될 것입니다. 이렇듯 아이디어는 아주 가까이에 있습니다. 단지 너무 가까워서 그것을 보지 못했을 뿐입니다. 거창한 아이디어를 쫓을 필요는 없습니다. 아이디어는 우리의 생활, 지식, 경험, 관계, 환경 속에 숨어 있습니다. 바꿔보고 도전하고 소통하면서 숨어 있는 아이디어를 찾아내 내 것으로 만들어보기 바랍니다. 작은 시도가 여러분을 답답한 고정관념에서 끄집어낼 것이며, 여러분은 분명 세상을 깜짝 놀라게 할 것입니다.

다시 한번 강조하지만 아이디어는 절대 멀리 있지 않습니다.

서영진

기발한 아이디어들을 소개하는 '생각전구' 블로그(ideabulb.co.kr)를 운영한다. 언제나 새로운 생각을 찾고 좋은 아이디어는 어떻게 나오는지 고민한다. 창의력 개발 강연가 및 칼럼니스트로 활동 중이다. 『버킷리스트 11』(공저), 『고정관념 깨기』, 『사물의 비밀』, 『기발한 광고』 등을 썼다.

| 사진 판권 |